Kurt Nagel | Heinz Stark

Prüfungsorientierte Aufgabensammlung

Unternehmensstrategie

Instrumente und Methoden zur Strategiegewinnung

HOLZMANN. MEDIEN

1. Auflage 2016

Lektorat: Achim Sacher, Holzmann Medien | Buchverlag
Layout und Satz: Markus Kratofil, Holzmann Medien | Buchverlag

Druck: Frick Kreativbüro & Onlinedruckerei e.K. | Krumbach
Artikel-Nr. 1883.01
ISBN: 978-3-7783-1003-8

Vorwort der Herausgeber

Am 1. April 2011 ist die nach § 42 des Gesetzes zur Ordnung des Handwerks (Handwerksordnung [HwO]) vom Bundesministerium für Bildung und Forschung erlassene bundesweite Verordnung über die Prüfung zum anerkannten Fortbildungsabschluss

„Geprüfter Betriebswirt/Geprüfte Betriebswirtin nach der Handwerksordnung"

in Kraft getreten. Damit werden die bisherigen Regelungen bei den einzelnen Handwerkskammern durch die bundeseinheitliche Rechtsverordnung Zug um Zug ersetzt.

Auf dieser Grundlage haben die Herausgeber Bernd-Michael Hümer, Prof. Dr. Werner Rössle und Dr. Heinz Stark zusammen mit Holzmann Medien eine zehnbändige Lehr- und Lernbuchreihe **„Kompetenzen zum Erfolg"** entwickelt und 2014 auf den Markt gebracht. Die darin behandelten Aufgabenfelder und Handlungsbereiche einer fortschrittlichen Unternehmensführung im Handwerk bilden den Gegenstand in der Prüfung zum/zur „Geprüften Betriebswirt/Betriebswirtin nach der HwO". Entsprechend der bundesweiten Verordnung und gemäß den Vorgaben des Zentralverbands des Deutschen Handwerks mit der Zentralstelle für die Weiterbildung im Handwerk e. V. (ZWH) sind die in den zehn Bänden „Kompetenzen zum Erfolg" erörterten Inhalte den vier handlungsorientierten Prüfungsteilen

- Unternehmensstrategie,
- Unternehmensführung,
- Personalmanagement und
- Innovationsmanagement

zugeordnet. Ziel der Prüfung ist der Nachweis der notwendigen Qualifikationen, um ein Unternehmen nachhaltig, strategisch und verantwortlich führen zu können.

Mit einem strategisch ausgerichteten Verständnis des Handelns sollen diese Aufgaben mit betriebswirtschaftlicher Fachkompetenz, verbunden mit Methoden-, Führungs- und Sozialkompetenz, wahrgenommen werden. Bei der Erarbeitung neuer Lösungen sind die ökonomischen, ökologischen und sozialen Dimensionen eines nachhaltigen Wirtschaftens zu berücksichtigen.

Da sich die Prüfungen am Vorgenannten orientieren sollen, werden die Prüfungsgegenstände überwiegend in Form von Fallbeispielen, sogenannten **„situationsbezogenen Aufgaben"**, dargestellt. Dabei wird die

Qualität der Prüfungsergebnisse wesentlich von den Erfahrungen in der Bearbeitung von Fallbeispielen bestimmt. Qualitätssteigerungen lassen sich vor allem durch Bearbeiten von möglichst vielen und unterschiedlichen situativen Aufgaben zu Teilfragen des Managements erzielen.

Daher haben sich Herausgeber und Verlag entschlossen, die Lehr- und Lernbuchreihe „Kompetenzen zum Erfolg" durch prüfungsorientierte Aufgabensammlungen **„Kompetenzen zum Erfolg" (mit Lösungshinweisen)** zu ergänzen. Die damit verbundenen Zielsetzungen sind

1. **die Überprüfung der beim Leser vorliegenden Kompetenzen zur Unternehmensführung,**
2. **das Erkennen von Defiziten bei den erforderlichen Kompetenzen sowie**
3. **eine bessere Vorbereitung in den zehn Teilbereichen/Fachgebieten der Prüfung zum/zur „Geprüften Betriebswirt/Betriebswirtin nach der HwO".**

Damit diese Ziele bestmöglich erreicht werden können, wurden **die Gliederungen und Inhalte** der einzelnen Aufgabensammlungen **analog zu den dazugehörenden Lehr- und Lernbüchern** aufgebaut. Die Umfänge der einzelnen „situationsbezogenen Aufgaben" orientieren sich an den inhaltlichen und zeitlichen Vorgaben zur Durchführung der Prüfung in den vier Prüfungsteilen und Prüfungszeiten entsprechend der vom Bundesministerium für Bildung und Forschung erlassenen Verordnung.

Die **Lösungshinweise** einer **„situationsbezogenen Aufgabe"** verstehen die Autoren und Autorinnen bewusst nur als Vorschläge zur Problemlösung, die auf den Ausführungen in dem dazugehörenden Lehr- und Lernbuch basieren. Diese **Verzahnung der einzelnen Aufgabensammlungen mit dem jeweiligen Lehr- und Lernbuch** verbessert den Lernerfolg und fördert den Ausbau der Kompetenzen ganz wesentlich. Grundsätzlich sind auch andere Lösungswege und Ergebnisse als die vorgeschlagenen Lösungshinweise denkbar und zulässig, aber Logik und Begründung für den gewählten Lösungsweg müssen stimmig sein und überzeugen.

Bei der Arbeit mit den vorliegenden **Aufgabensammlungen „Kompetenzen zum Erfolg"** wünschen wir Ihnen einen großen Know-how-Zuwachs, zunehmende Sicherheit bei der Lösung situationsbezogener Prüfungsaufgaben und nicht zuletzt ein großes Durchhaltevermögen für die Prüfung selbst. Viel Erfolg!

Hinweise und Anregungen zur Verbesserung der Aufgabensammlungen als Ganzes und im Detail werden wir gerne prüfen und leserorientiert berücksichtigen.

Die Herausgeber und Holzmann Medien | Buchverlag

Vorwort der Autoren

Alle Unternehmen, auch handwerkliche, brauchen Ideen, Visionen, Handlungskonzepte und Steuerungsinstrumente, um langfristig in den sich gravierend verändernden Umfeld- und Marktbedingungen erfolgreich zu sein. Diese Gestaltungselemente einer unternehmerischen Strategie als langfristig ausgerichtete Vorgehensweise zur zukunftsgerechten Unternehmensentwicklung sind im Lehr- und Lernbuch **„Unternehmensstrategie“ von Kurt Nagel,** erschienen in der Reihe **„Kompetenzen zum Erfolg“,** ausführlich praxisorientiert dargestellt.

In der vorliegenden Aufgabensammlung geht es um situationsbezogene Fallbeispiele/Aufgaben bei der Entwicklung und Anwendung von Unternehmensstrategien, deren Teilbereiche, Methoden und Instrumente. Diese Aufgabensammlung ist als ergänzender und wissensvertiefender Bestandteil des Buches „Unternehmensstrategie“ zu sehen. Die damit verbundenen Zielsetzungen sind

1. die Überprüfung des Führungswissens der Leserinnen und Leser bezüglich „Unternehmensstrategie“ und

2. das Vermitteln von fachspezifischer Prüfungssicherheit für angehende „Geprüfte Betriebswirte/-innen nach der Handwerksordnung“.

Die hier vorgestellten Fallbeispiele als situationsbezogene Aufgaben basieren auf Erfahrungen und Erfordernissen der täglichen Führungspraxis. Für eine optimale Wissensanalyse und Prüfungsvorbereitung sind Inhalt und Umfang an den zeitlichen Vorgaben der Prüfungsordnung ausgerichtet. Es wird von einer durchschnittlichen **Bearbeitungszeit von 60 Minuten** ausgegangen, die zum Lesen und Lösen einer Aufgabe benötigt wird.

Der Aufbau der vorliegenden Aufgabensammlung wurde so gewählt, dass im ersten Teil die Aufgaben entsprechend der Gliederung im Buch „Unternehmensstrategie“ dargestellt werden. Im zweiten Teil finden sich Lösungshinweise (keine Musterlösungen) für die einzelnen Aufgaben. Diese Hinweise sind bewusst beispielhaft, nicht vollständig und nicht abschließend. Im Einzelfall sind auch andere Lösungsansätze denkbar, die nicht als „falsch“ einzustufen sind; entscheidend ist die Begründung für den gewählten Lösungsvorschlag.

Allen Leserinnen und Lesern wünschen wir viel Erfolg beim Bearbeiten der Aufgaben und bei den anstehenden Prüfungen.

Auch für diese Veröffentlichung gilt „nobody is perfect“, daher sind Anregungen für künftige Verbesserungen ausdrücklich erwünscht.

Im Dezember 2015

Heinz Stark & Kurt Nagel

Inhaltsverzeichnis

I. Aufgaben zur handlungsorientierten Prüfungsvorbereitung

1. Nutzenargumente für das Erarbeiten und Umsetzen einer Unternehmensstrategie

Erforderliche Kompetenzen

Strategisches Denken und Handeln ist ein „Muss-Kriterium" für Führungskräfte im Handwerk. Hierzu erforderliche Kompetenzen sind:

- Wissen um den Stellenwert der Strategie
- Vorstellungen von der Strategie Ihres Unternehmens
- Kenntnis der notwendigen Analysen für die Gewinnung der strategischen Ansätze
- Wissen über detaillierte Kunden- und Mitbewerberanalysen als wichtige Basis
- Kenntnis der Chancen-/Risiken-Bewertung von Produkt-/Dienstleistungsanalysen
- Kenntnis der Erfolgsfaktorenanalyse als Bestandteil der Strategiefindung
- Innovative Ansätze bewerten und berücksichtigen
- Transparente Dokumentation der Strategiegewinnung
- Überzeugungskraft, dass alle Beteiligten die Strategie mittragen.

Situationsbezogene Aufgabe „Nutzen eines Strategiepapiers"

(Bearbeitungszeit 60 Minuten)

Handlungssituation

Der Handwerksbetrieb von Meister Xaver Kunz hat bis heute noch keine schriftlich fixierte Strategie. Xaver Kunz ist am Überlegen, ein Strategiepapier zu erstellen. Aber er ist unsicher, ob ein solches Papier sein Unternehmen weiterbringt. Seine Bedenken sieht er vor allem in den raschen Veränderungen im Umfeld. Diese empfindet er für sein Unternehmen teilweise äußerst dramatisch. Er ist deshalb der Meinung, eine Fixierung der künftigen Strategie könnte die erforderliche „Flexibilität am Markt" zu sehr einschränken.

Vor Kurzem war Xaver Kunz auf einem Strategie-Seminar. Dort führte der Referent aus, dass kleine und mittelständische Unternehmen mit einem Strategie-Papier bessere Ergebnisse erzielen als jene, die keine strategischen Vorstellungen entwickeln. Dies beeindruckte Xaver Kunz sehr. Als der Referent dann auch noch erläuterte, wie wichtig es für Führungskräfte und Mitarbeiter ist, die strategischen Ziele des Unternehmens zu kennen, beschloss er, seine bisherige Einstellung zu überprüfen. Bislang war er der Meinung, dass seine mitarbeiterorientierte Führung die richtige für seinen Betrieb ist. Rückläufige Umsatz- und Ertragszahlen sah er im schärfer werdenden Wettbewerb begründet.

Xaver Kunz möchte Sie in die Strategiefindung und Strategieformulierung einbinden und bittet Sie, folgende Fragen zu beantworten.

Situationsbezogene Fragen

a) Welche Nutzenargumente sehen Sie im Erarbeiten und Erstellen eines Strategie-Papiers für das Unternehmen von Xaver Kunz? Zeigen Sie die Vorteile in Bezug auf die sog. „harten Faktoren“ der Unternehmensführung (wie z. B. Unternehmenspolitik, Organisation oder Markt- und Kundenpolitik) wie auch die Vorteile für die sog. „weichen Faktoren“ (z. B. Personalführung und Mitarbeiter) für das Unternehmen von Xaver Kunz (je Faktor sind mindestens drei Argumente/Vorteile zu nennen).

b) Welchen Nutzen hätte eine Unternehmensstrategie von Xaver Kunz für die Partner des Unternehmens? Zeigen Sie dies beispielhaft (jeweils mindestens drei Vorteile) für

- **Kunden,**
- **Lieferanten und**
- **Banken.**

2. Grundlagen des strategischen Denkens und Handelns

Situationsbezogene Aufgabe „Strategisch das Richtige tun"

(Bearbeitungszeit 30 Minuten)

Handlungssituation

Hans Maier, Inhaber eines mittelgroßen Handwerksbetriebs, hat alle Mitarbeiterinnen und Mitarbeiter, auch Sie, zu einem Strategie-Workshop eingeladen. Sie freuen sich auf diese Veranstaltung, da Sie seit Längerem der Ansicht sind, dass für Ihren Betrieb dazu Handlungsbedarf besteht. Sie vermuten, dass die Mehrheit der Beschäftigten keine Vorstellung von der Strategie von Hans Maier hat.
Zu Beginn des Workshops findet ein Einführungsvortrag durch einen externen Referenten statt. Dieser spricht immer wieder von den zentralen Fragen bei einer Unternehmensstrategie: „Machen wir das Richtige?" und „Machen wir es richtig?"

Sie können diese Fragen nicht (richtig) zuordnen, und ein Blick zu Ihren Kolleginnen und Kollegen zeigt, dass es diesen auch nicht besser ergeht. Es herrscht eine gewisse Ratlosigkeit. Hier muss Klarheit geschaffen werden.

Situationsbezogene Fragen

a) **Erläutern Sie, was der Referent mit den Formulierungen „Machen wir das Richtige?" und „Machen wir es richtig?" zum Ausdruck bringen möchte.**

b) **Hans Maier ist sich angesichts der im Seminar festgestellten Verständnisprobleme seiner Beschäftigten nicht mehr so sicher, dass der Workshop „Strategisches Denken und Handeln" sinnvoll war.
Welche Argumente würden Sie Hans Maier nennen, die für die Richtigkeit seiner Entscheidung sprechen? Nennen Sie mindestens vier Argumente, jeweils mit Begründung!**

3. Wege zur Strategiefindung

Situationsbezogene Aufgabe „Rationales oder intuitives Vorgehen“

Handlungssituation

Karl Huber, Inhaber eines Handwerksbetriebs mit mehreren Mitarbeitern, will eine Unternehmensstrategie entwickeln. Beim Studium entsprechender Bücher und Fachartikel liest er, dass Wissenschaftler und Praktiker heute der Meinung sind, dass vier von fünf unternehmerischen Entscheidungen schon deshalb falsch sind, weil sie zu spät getroffen werden. Dies könnte damit zusammenhängen, dass zu viele Entscheidungen rational geplant und weniger intuitiv, also mehr emotional geprägt, getroffen werden.

Karl Huber möchte das Für und Wider bei einer rationalen und intuitiven Entscheidungs- und Strategiefindung herausgearbeitet wissen und bittet Sie um Beantwortung nachstehender Fragen.

Situationsbezogene Fragen

a) **Welche Gründe könnten Sie Karl Huber für ein emotional-intuitives Vorgehen bei der Strategiefindung nennen?**

b) **Welche Überlegungen sind anzustellen, wenn Karl Huber seine Unternehmensstrategie lieber rational geplant entwickeln möchte?**

c) **Würden Sie Karl Huber eine kombinierte Vorgehensweise vorschlagen (mit Begründung)?**

d) **Welche Anforderungen und Grundsätze sollte die Strategieplanung von Karl Huber berücksichtigen?**

4. Instrumente und Methoden der Strategieentwicklung

4.1 Situationsbezogene Aufgabe „Strategische Informationen durch Kundenanalyse“

(Bearbeitungszeit 60 Minuten)

Handwerksmeister Georg Scheck hat seit 10 Jahren einen gut gehenden Handwerksbetrieb in Stadtrandlage. Seine Kundschaft setzt sich im Wesentlichen aus vier Kundengruppen zusammen:

- gewerbliche Kunden (überwiegend Handwerks- und sonstige Mittelstandsbetriebe)
- größere Industriekunden
- öffentliche Betriebe
- Privatkunden

Die Analyse-Ergebnisse und die Strategie-Entscheidungen für diese Kundengruppen hat Georg Scheck in folgendem **Formblatt** festgehalten.

Kundenanalyse für den Handwerksbetrieb Georg Scheck

Kriterien / Zielgruppen	Umsatzanteil		Gewinnanteil		Wichtigkeit für uns	Entscheidungskriterien des Kunden	Risiken für uns	Maßnahmen
	heute	morgen	heute	morgen				
Gewerbliche Kunden	30	30	10	10	Mit vielen Kunden besteht ein freundschaftliches Verhältnis	Zuverlässigkeit Termineinhaltung Flexibilität	Künftige Entwicklung	
Größere Industriekunden	20	20	20	20	Wichtig für unser Image	Mitwirkung in der Planungsphase Vertrauensverhältnis mit Einkäufer	Kostendruck	
Öffentliche Betriebe	15	10	20	10	Diese Zielgruppe verliert für uns mehr und mehr an Bedeutung	Preis Zusammenarbeit Lokale Ansässigkeit	Verstärkte Preisfokussierung	
Privatkunden	35	40	50	60	Diese Zielgruppe bauen wir immer stärker aus; sehr wichtig für uns	Vertrauen Zuverlässigkeit „Alles aus einer Hand“	Preissensibilität nimmt zu	

Wenn Sie die Angaben in den Spalten „Entscheidungskriterien des Kunden" und „Risiken für uns" betrachten, dann stellt sich die Frage, mit welchen strategisch ausgerichteten Maßnahmen die Firma Georg Scheck diese Risiken begrenzen könnte/möchte.

Situationsbezogene Fragen

a) **Welche zusätzlichen Risiken könnten bei der Firma Scheck bei den einzelnen Kundengruppen noch auftreten? Nennen Sie bitte jeweils zwei weitere Risiken pro Kundengruppe.**

b) **Welche strategischen Maßnahmen bei den einzelnen Kundengruppen würden Sie der Firma Georg Scheck vorschlagen, um auch die von Ihnen zusätzlich genannten Risiken zu begrenzen und die strategischen Ziele (morgen) besser zu erreichen? Nennen Sie bitte mindestens drei Maßnahmen pro Kundengruppe!**

4.2 Situationsbezogene Aufgabe „Strategischer Einsatz von Mehrwertargumenten“

(Bearbeitungszeit 60 Minuten)

Handlungssituation

Handwerksmeister Hans Müller führt seit über 15 Jahren einen Baubetrieb. In den letzten Jahren wurde der Kosten- und Preisdruck infolge eines zunehmend überregionalen Wettbewerbs immer größer. Das Verhältnis Angebot zu Auftrag hat sich dramatisch geändert. Zurzeit ist das Verhältnis 10:1, das heißt, es sind zehn Angebote erforderlich, um einen Auftrag zu erhalten; zu welchen Preisen, soll hier gar nicht erörtert werden.

Hans Müller möchte seine qualitativ überdurchschnittliche Dienstleistungsqualität beibehalten, die ihm bislang einen guten Ruf am Markt und bei seinen Kunden gebracht hat. Diesen Ruf verdankt er seinen überdurchschnittlich gut ausgebildeten und erfahrenen, qualitätsbewussten Mitarbeitern, die er auch weiterhin beschäftigen will.

Daher bittet Hans Müller Sie, einige Vorteile (Mehrwertargumente) für seinen Betrieb und seine Leistungsqualität zu erarbeiten. Es interessieren ihn neben der Ermittlung „Allgemeine Mehrwerte“ besonders die „Speziellen Vorteile“ als Mehrwertargumente für seinen Betrieb und seine Leistungen.

Situationsbezogene Fragen

a) Für eine Bauunternehmung lassen sich folgende Kategorien für allgemeine Vorteils- oder Mehrwertargumente feststellen:

- **guter Facharbeiterstamm**
- **eigene Planungsabteilung**
- **„Alles aus einer Hand“**
- **Qualitätsgarantie**
- **bewährter Subunternehmer**
- **moderne Technologie**
- **kundenorientierte Vertragsgestaltung**
- **umfangreiche Referenzen.**

Nennen Sie für jede dieser Kategorien mindestens drei Einzelpositionen, die für die Kunden von Hans Müller „Spezielle Wettbewerbsvorteile“ gegenüber Mitbewerbern darstellen können.

b) Welche Vorgehensweise würden Sie Hans Müller zur Ermittlung der „Allgemeinen und speziellen Vorteile (Mehrwert)“ vorschlagen?

5. Weitere Ansatzpunkte in Theorie und Praxis zur Strategieentwicklung

5.1 Situationsbezogene Aufgabe „Differenzierung oder Kostenführerschaft“

(Bearbeitungszeit 60 Minuten)

Handlungssituation

Im Handwerksbetrieb Felix Mark hat der Seniorchef, Peter Mark, der den Betrieb vor 30 Jahren gegründet hat, stets Wert auf größte Kundenzufriedenheit gelegt. Die Kunden von Peter Mark waren deshalb auch stets

- mit der Qualität der erbrachten Leistungen sehr zufrieden,
- von den Termineinhaltungen angetan,
- durch die besondere Servicebereitschaft verwöhnt,
- von der Beratungsqualität überzeugt und
- durch intensive Nachkaufbetreuung dem Unternehmen verbunden.

Die Leistungen der Fa. Peter Mark empfanden Kunden immer als echten Mehrwert, der Wettbewerbsangeboten gegenüber sehr häufig einen höheren Preis rechtfertigte.

Die zugrunde liegende Strategie führte in der Vergangenheit zu einer durchgängig guten Auftragslage und zu überdurchschnittlichen Erträgen. Die Kunden wurden jedoch in jüngster Zeit in Bezug auf das Preis-Leistungs-Verhältnis und die Kaufentscheidung immer kritischer, wie Juniorchef Felix Mark leidvoll feststellen musste.

Felix Mark muss nun bei Angebots- und Abschlussverhandlungen immer wieder feststellen, dass er zwar im Sinne seines Vaters handelt, aber seine Kunden vermehrt preisempfindlicher reagieren. Er verliert immer häufiger gegen Mitbewerber, die weniger und geringer qualifizierte Leistungen erbringen und damit preisgünstiger anbieten. Viele der Kunden sind in jüngerer Zeit zunehmend mit standardisierten Leistungen zufrieden, da diese preisgünstiger sind und durch den zunehmenden Wettbewerbsdruck unter den Mitanbietern oftmals noch weiter „nach unten“ verhandelt werden können.

Felix Mark muss eine Strategie finden, mit der er bei steigender Wettbewerbsintensität sein Unternehmen in der Zukunft positiv entwickeln kann.

Situationsbezogene Fragen

a) Welche Strategie würden Sie Felix Mark vorschlagen? Begründen Sie Ihre Entscheidung!

b) Beschreiben Sie, was Felix Mark Ihrem Wissen und Ihrer Erfahrung nach in seinem Betrieb ändern muss, um eine Strategie der Kostenführerschaft zu realisieren?

c) Würde Felix Mark die Strategie der Differenzierung weiter verfolgen, auf welche speziellen Wettbewerbsvorteile sollte er dann sein besonderes Augenmerk richten? Nennen Sie mindestens vier Leistungen (mit Begründung der Wirkung beim Kunden)!

d) Halten Sie es für sinnvoll, wenn Felix Mark versucht, beide Strategien miteinander zu kombinieren? Begründen Sie Ihre Einschätzung!

5.2 Situationsbezogene Aufgabe „Portfolio-Analyse“
(Bearbeitungszeit 60 Minuten)

Handlungssituation

Fritz Müller hat durch einen externen Berater für seinen Handwerksbetrieb eine Umsatzanalyse für sein Leistungsprogramm an Produkten und Dienstleitungen erstellen lassen. Die Umsätze wurden als Kreise „A“ bis „H“ in einer Portfolio-Matrix dargestellt, die folgendes Bild ergab:

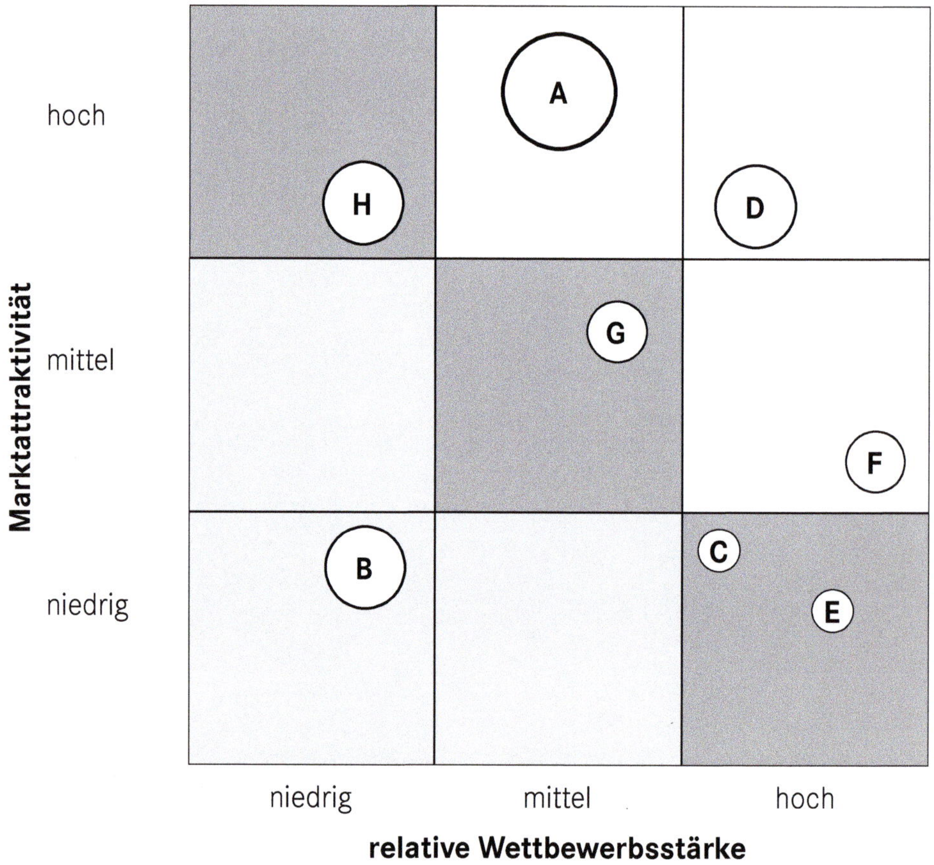

Die Produkte „A“ und „H“ sind die derzeitigen Hauptumsatzträger, deren Umsatzrendite aber „unter Druck“ steht, denn sie sind sehr preissensibel und können fast nicht differenziert werden.

Bei „B“ handelt es sich um ein problemloses Standardprodukt, das Kunden bei jedem anderen Mitbewerber ebenfalls erhalten können, jedoch zu unterschiedlichen Preisen.

„C“ und „E“ sind innovative Produkt-Service-Kombinationen („Angebotspakete“), die erst vor Kurzem auf den Markt gebracht wurden und noch nicht sehr bekannt sind. Hier werden doppelt so hohe Wachstumschancen gesehen als bei den anderen Leistungen.

Das Produkt „D“ zeichnet sich durch kundenindividuelle Gestaltung mit hoher Attraktivität für die Kunden und gute Erträge für das Unternehmen aus.

„F“ steht für ein ebenfalls innovatives Programm an differenzierten Dienstleistungen (Services in Standard- oder Premium-Qualität) mit einer überproportionalen Umsatzrendite.

„G“ sind spezifische Reparaturdienstleistungen, die im Bedarfsfall oder auf Anfrage erbracht werden, der Kundenbindung dienen und nicht unerheblich zur Renditeverbesserung beitragen.

Fritz Müller steht vor der Frage, in welche Richtung er seine Unternehmensstrategie ändern sollte, um bei gleicher Betriebsgröße seine Gesamtrendite zu verbessern.

Situationsbezogene Fragen

a) **Welche Hinweise für die künftige Strategie erhält Fritz Müller aus den Gliederungsgesichtspunkten „Marktattraktivität“ und „relative Wettbewerbsstärke“? Und für welche Informationen steht die unterschiedliche Farbgebung der Matrixfelder?**

b) **Die derzeitigen Jahresumsätze bei den einzelnen Produkten und Dienstleistungen belaufen sich auf:**

A = 300 Tsd.

B, H, D jeweils 150 Tsd.

F = 80 Tsd.

G =70 Tsd.

C, E jeweils 50 Tsd.

Fritz Müller möchte seinen Gesamtumsatz in den nächsten 2 Jahren um insgesamt ca. 20 % steigern. Dabei wird von einem Mindestwachstum von 5 % bei den einzelnen Produkten und Dienstleistungen ausgegangen.

Bei welchen seiner Leistungen A bis H würden Sie Wachstumsraten über-, normal- oder unterproportional vom bisherigen Umsatz planen? Und mit welchem neuen Jahresumsatz pro Produkt und insgesamt könnte Fritz Müller rechnen? (Bitte mit kurzer Begründung)

c) **Mit der Umsatzplanung muss Fritz Müller auch seine Unternehmensstrategie neu ausrichten. Wo würden Sie die neuen Umsätze von A bis H in einer Portfolio-Matrix positionieren?**

6. Erarbeiten einer ganzheitlich ausgerichteten Unternehmensstrategie

Situationsbezogene Aufgabe „Strategiebestimmung mit dem System der Erfolgsfaktoren“

(Bearbeitungszeit 60 Minuten)

Handlungssituation

Fritz Klein hat sich vor 10 Jahren mit einem Handwerksbetrieb in Süddeutschland selbstständig gemacht und leitet heute einen erfolgreichen Betrieb mit 20 Mitarbeitern und guter Rendite. Als „Geprüfter Betriebswirt“ hat er frühzeitig großen Wert darauf gelegt, dass das Unternehmen strategisch geführt wird.

Da Fritz Klein über die Gründung eines Zweigbetriebs in Norddeutschland nachdenkt, will er wissen, auf welchen Faktoren (betrieblichen Gegebenheiten) der Erfolg seines Unternehmens beruht und wodurch er künftig bestimmt werden wird.

Fritz Klein hat deshalb seinen Betrieb von einem Unternehmensberater der zuständigen Handwerkskammer hinsichtlich kunden- und wettbewerbswirksamer Stärken und Schwächen für seine derzeitige und künftige Unternehmensstrategie untersuchen lassen.

Bei der strategischen Betriebsanalyse wurden sechs „Generelle Erfolgsfaktoren“ und deren wichtigste Teilgebiete ermittelt. Die bei Fritz Müller vorliegenden Ausprägungen **„heute“** wurden mit Werten bei den Branchenbesten verglichen und nach einem Punktesystem von 0 (= sehr schlecht) bis 10 (= sehr gut) bewertet. Die Ergebnisse von Analyse und Bewertung sind in nachstehender Tabelle „Ausprägungen der generellen Erfolgsfaktoren“ kompakt dargestellt.

In einem zweiten Schritt wurden die für den künftigen Erfolg des Betriebs im Wettbewerb erforderlichen Ausprägungen bei den Erfolgsfaktoren von **„morgen“** gemeinsam mit Fritz Klein ermittelt, festgelegt und ebenfalls mit Punkten bewertet. So wird deutlich, wo die Schwerpunkte der künftigen Unternehmensstrategie von Fritz Klein liegen sollten.

Bei den für „morgen“ angestrebten Werten muss Fritz Klein auch darüber entscheiden, mit welchen strategisch wirksamen Maßnahmen in den Teilgebieten der Erfolgsfaktoren die künftigen Stärken des Unternehmens erreicht werden sollen.

Die Ergebnisse „Ausprägungen der generellen Erfolgsfaktoren bei Fritz Klein“ sind auf den nächsten Seiten dargestellt.

Ausprägung der „Generellen Erfolgsfaktoren“ (Teil 1)

Erfolgsfaktoren	Ausprägung 0 = sehr schlecht, 10 = sehr gut		Differenz	Prioritäten/ Anmerkungen
	heute	morgen		
STRATEGIE				
▪ Unternehmensgrundsätze	8	10		
▪ Strategie	9	10		
▪ Zielsetzung	8	10		
▪ Zielkonflikte	6	8		
▪ Kontrollsysteme	8	9		
▪ Technikeinsatz	7	8		
Durchschnittsbewertung	7,7			
ORGANISATION				
▪ Strategieumsetzung	7	9		
▪ Aufbauorganisation	5	7		
▪ Ablauforganisation	5	8		
▪ Mitwirkung der Betroffenen	5	9		
▪ Technologieeinsatz/Log.	5	6		
▪ Selbstorganisation	5	6		
Durchschnittsbewertung	5,3			
INFORMATIONSSYSTME				
▪ Stellenwert	6	7		
▪ Strategie	5	5		
▪ Daten	5	5		
▪ Anwendungen	5	5		
▪ Service	5	5		
▪ Betriebsform	4	5		
Durchschnittswert	5,0			

Ausprägung der „Generellen Erfolgsfaktoren" (Teil 2)

Erfolgsfaktoren	Ausprägung 0 = sehr schlecht, 10 = sehr gut		Differenz	Prioritäten/ Anmerkungen
	heute	morgen		
MITARBEITER				
▪ Identifikation	9	9		
▪ Betriebsklima	9	9		
▪ Leistungsbereitschaft	10	10		
▪ Entlohnung	8	8		
▪ Beurteilung	8	8		
▪ Weiterbildung	8	10		
Durchschnittsbewertung	8,7			
FÜHRUNGSSYSTEM				
▪ Führungsstil	6	7		
▪ Hierarchische Struktur	6	7		
▪ Delegationsverhalten	7	9		
▪ Führungspersönlichkeit	8	8		
▪ Kommunikation	8	9		
▪ Fürsorgefunktion	7	7		
Durchschnittsbewertung	7,0			
KUNDENNÄHE				
▪ Strategie	8	10		
▪ Umwelt/Umfeld	9	9		
▪ Produkte/Dienstleistungen	8	9		
▪ Kundenbeziehung	8	10		
▪ Geschäftsabwicklung	7	9		
▪ Kundennutzen	8	9		
Durchschnittswert	8,0			

Situationsbezogene Fragen

a) Welches sind die relativ starken und welches die relativ schwachen Erfolgsfaktoren des Unternehmens von Fritz Klein? Erstellen Sie eine Gegenüberstellung der Rangreihen der Erfolgsfaktoren für (1) „heute" und (2) „morgen", die dies verdeutlicht. Was hat sich geändert und warum?

b) Welche heutigen Schwächen gegenüber den Branchenbesten sehen Sie in Teilbereichen der Erfolgsfaktoren von Fritz Klein? Begründen Sie Ihre Antwort!

c) Mit welchen drei Haupt-Erfolgsfaktoren sollte Fritz Klein die künftige Unternehmensstrategie schwerpunktmäßig gestalten und umsetzen? In den dort wichtigsten zwei Teilbereichen würden Sie welche strategisch wirksamen Maßnahmen (mindestens 3) vorschlagen, um Fritz Klein im Wettbewerb strategisch noch besser zu platzieren?

7. Sicherstellung der Strategieumsetzung

7.1 Situationsbezogene Aufgabe „Mitarbeiter für die Strategie gewinnen“

(Bearbeitungszeit 30 Minuten)

Handlungssituation

Handwerksmeister Eduard Huber hat für sein Unternehmen mit externer Hilfe eine Unternehmensstrategie für die nächsten 2 bis 3 Jahre erarbeitet. Danach soll das Unternehmen verstärkt auf eine noch stärker differenzierte Kundenorientierung und Premiumqualität bei den zu erstellenden Produkten und Dienstleistungen vor und nach dem Kauf ausgerichtet werden. Bei den Mitarbeitern in Beratung/Verkauf, Herstellung und Montage gilt es, ein „Null-Fehler-Verhalten“ zu erreichen.

Die Koordination und Kommunikation zwischen den einzelnen Arbeitsbereichen muss ebenfalls verbessert werden. Die Organisation/Integration der einzelnen Abläufe (Geschäftsprozesse) wird noch stärker auf die Kundenerwartungen ausgerichtet, um eine möglichst hohe Kundenzufriedenheit und Kundenbindung zu erlangen.

Dies alles und die dazugehörenden Ziele hat Edmund Huber in einem Strategie-Papier festgeschrieben. Dieses Programm will er seinen Mitarbeitern in einem Workshop vorstellen und sie zur gemeinsamen Umsetzung der neuen Strategie gewinnen.

Herr Huber bittet Sie um Unterstützung bei der inhaltlichen und organisatorischen Vorbereitung dieses Workshops.

Situationsbezogene Fragen

a) **In welcher Form soll Eduard Huber seine neue Strategie den Mitarbeitern präsentieren, um sie für die Umsetzung „gewinnen“ und motivieren zu können?**

b) **Ist es sinnvoll, die Mitarbeiter der einzelnen Aufgabenbereiche Beratung/Verkauf, Herstellung und Montage in getrennten Gruppen über die Auswirkungen auf ihre Arbeit diskutieren und ihr Vorgehen zur Umsetzung der neuen Strategie erarbeiten zu lassen? Welche Vorteile würde ein gemeinsames Erarbeiten der Maßnahmen zur Umsetzung der Strategie dem Unternehmen bringen?**

c) Für welche der von Eduard Huber angestrebten strategischen Ausrichtungen würden Sie welche Maßnahmen schriftlich fixieren lassen, um die Umsetzung der Strategie sicherzustellen? Formulieren Sie jeweils zwei strategiebezogene Maßnahmen!

7.2 Situationsbezogene Aufgabe „Strategiewandel erfolgreich umsetzen"

(Bearbeitungszeit 60 Minuten)

Handlungssituation

Handwerksmeister Fritz Kalle ist seit über 30 Jahren in einer Kleinstadt ansässig und hat sich dort mit dem Werbeslogan „Kalle - der Stuckateur für alle" einen Betrieb mit derzeit 15 Mitarbeitern aufgebaut. Seinen Leistungsumfang sowie sein Leistungs- und Preisniveau richtete er bislang an der Nachfrage und der Zahlungsbereitschaft der nachfragenden Interessenten aus. Dies waren Haushalte mit unterschiedlichem Einkommen, kommunale Betriebe und Behörden sowie Betriebe unterschiedlicher Größe aus Handwerk, Gewerbe und Industrie. Damit war stets eine gute Auftragslage gegeben; die Gewinnentwicklung jedoch nicht immer befriedigend.

Zunehmender Wettbewerb durch Neugründungen im Umfeld der Kleinstadt und durch überregionale Anbieter verschärfen den Druck bei der Auftragsgewinnung und den zu erzielenden Preisen. Das macht sich weniger bei Aufträgen von Privatkunden, jedoch bei Aufträgen von Geschäftskunden besonders bemerkbar. Bei Geschäftskunden ist eine zunehmende Orientierung an Standardqualitäten und niedrigen Preisen bemerkbar. Bei Privatkunden dagegen ist ein Trend zu Qualität, Umweltverträglichkeit, Nachhaltigkeit und hoher Zuverlässigkeit feststellbar, was sich auch in den erzielbaren Preisen widerspiegelt.

Fritz Kalle bespricht seine Feststellungen mit einem Betriebsberater seiner Handwerkskammer. Beide kommen zum Ergebnis, dass zur Existenzsicherung und zur Verbesserung der Ertragssituation für Fritz Kalle ein Strategiewandel angeraten ist. Der Schlüssel für künftige Erfolge wird von beiden in einer stärkeren Ausrichtung auf die besonderen Anforderungen und Erwartungen von Kundengruppen gesehen. Die damit erforderliche „Neuorientierung" des Betriebs, seines Leistungsangebots und seiner Geschäftsprozesse hat auch zum Teil erhebliche Auswirkungen für die Führungskräfte und Mitarbeiter des Betriebs von Fritz Kalle.

Fritz Kalle bittet Sie, ihm beim Finden und Festlegen der künftigen Anforderungen an die Führungskräfte seines Betriebs zu unterstützen.

Situationsbezogene Fragen

a) Welchen Strategiewandel würden Sie Fritz Kalle empfehlen? Mit welcher Begründung?

b) Welche Sachverhalte (Stichworte) sollten die Führungskräfte bei dem geplanten Strategiewandel beachten? Nennen Sie bitte je drei Sachverhalte bei den Positionen und Unterpositionen der nachfolgenden Checkliste:

Anforderungen	
Die Führungskräfte kennen die Strategie.	
Die Auswirkungen der Strategie bzgl. • der Strategieorientierung: Kostenführer, Nischenstrategie, Differenzierung, • der Kundenorientierung, • der Mitarbeiterorientierung, • der Prozessorientierung sind für jede Führungskraft ableitbar.	
Jede Führungskraft hat auf einem Formblatt die wichtigsten Botschaften/Konsequenzen für das Führungsverhalten fixiert.	
Die Führungskraft identifiziert sich mit der Strategie.	
Die Führungskraft kommuniziert die Auswirkung den Mitarbeitern.	
Gemeinsam stellen Führungskraft und Mitarbeiter konkrete Gebote auf.	

II. Lösungsvorschläge zu den situationsbezogenen Aufgaben

1. Nutzenargumente für das Erarbeiten und Umsetzen einer Unternehmensstrategie

Situationsbezogene Frage

a) Welche Nutzenargumente sehen Sie im Erarbeiten und Erstellen eines Strategie-Papiers für das Unternehmen von Xaver Kunz? Zeigen Sie die Vorteile in Bezug auf die sog. „harten Faktoren" der Unternehmensführung (wie z. B. Unternehmenspolitik, Organisation oder Markt- und Kundenpolitik) wie auch die Vorteile für die sog. „weichen Faktoren" (z. B. Personalführung und Mitarbeiter) für das Unternehmen von Xaver Kunz (je Faktor sind mindestens drei Argumente/Vorteile zu nennen).

Die Erstellung eines Strategiepapiers bringt ...

(1) für die **„harten Faktoren"** des Unternehmens von Xaver Kunz (wie etwa Unternehmenspolitik, Organisation, Kunden- und Marktpolitik) u. a. folgende **Vorteile:**

- Bewusste, vorausschauende Ausrichtung bei Leistungen, Prozessen und Reaktionen auf künftige Veränderungen im Umfeld des Unternehmens (wie etwa Politik, Soziales, Kundenwünsche, Kommunikationstechnik und -verhalten).
- Planmäßig strategisches statt situativ improvisiertes Verhalten; das dient der Sicherung des Fortbestands des Unternehmens und seiner Rentabilität.
- Zielgesteuerte Prozesse und Abläufe innerhalb und außerhalb des Unternehmens, z. B. im Kontakt mit Kunden, Lieferanten, Banken und sonstigen Partnern und Organisationen.
- Höhere Rentabilität durch Vermeiden von kurzfristigen und improvisierten Anpassungs- oder Reaktionsentscheidungen bei der Führung und Ausführung.
- Gezieltes Ausschöpfen von Marktchancen und Vermeiden/Reduzieren von Marktrisiken, was sich auf die Wirtschaftlichkeit und die Rentabilität positiv auswirkt.
- Erhöhte Kundenorientierung führt zur Verbesserung von (differenzierter) Kundenzufriedenheit und Steigerung der Kundenbindung/Stammkundengewinnung.

- Bessere Nutzung des geänderten Informations-, Kommunikations- und Kaufverhaltens der Kunden (privat und gewerblich).

(2) für die **„weichen Faktoren“** (wie etwa Personalführung oder Mitarbeiter) u. a. folgende **Vorteile:**

- Verstärkt kundenorientierte Koordination bei den Tätigkeiten und im Verhalten der Mitarbeiter nach innen und außen (zum Erreichen von Markt- und Renditevorteilen).
- Höhere Identifikation der Mitarbeiter mit dem Unternehmen und seinen Zielen; Mitarbeiter können vermehrt im Sinne von „aktiv Beteiligten“ (Handeln mit Eigeninitiative) statt „passiv Betroffenen“ (Handeln nach Anordnung) tätig werden, das steigert die Leistungsbereitschaft und die Produktivität.
- Gesteigerte Zufriedenheit der Führungskräfte, da sie aktiv an der Gestaltung und Umsetzung der Unternehmensstrategie beteiligt sind.
- Höheres Engagement und höhere Bindung der Führungskräfte an das Unternehmen, da mehr planende und strategische statt anordnende und selbst durchzuführende Tätigkeiten.
- Bessere Nutzung der einzelnen Mitarbeiterpotenziale durch verstärkten Einsatz nach Eignung und Neigung sowie Förderung durch gezielte, individuelle Weiterbildungsmaßnahmen.
- Erhöhte Zufriedenheit und Leistungsbereitschaft der Mitarbeiter, denn Informationen und Kommunikation über die Unternehmensstrategie verbessern das gegenseitige Verständnis für die Arbeit der Kollegen und verbessern das Betriebsklima wesentlich.

Situationsbezogene Frage

b) Welchen Nutzen hätte eine Unternehmensstrategie von Xaver Kunz für die Partner des Unternehmens? Zeigen Sie dies beispielhaft (jeweils mindestens drei Vorteile) für
- Kunden,
- Lieferanten und
- Banken.

Nutzen einer Unternehmensstrategie von Xaver Kunz für

(1) Kunden:

- Verstärkte Ausrichtung der Leistungen (Produkte, Dienstleistungen, Services und Prozesse) auf die Wünsche/Erwartungen der einzelnen Märkte und Kundengruppen.
- Stärkere Beachtung der Qualitäts- oder Preisorientierung der Kunden.

- Berücksichtigung des geänderten Informations-, Kommunikations- und Kaufverhaltens der Kunden unter dem Einfluss der neuen Medien führt zu verbesserten Entscheidungsinformationen beim Kunden.
- Verstärkte kundenorientiert abgestimmte Geschäftsprozesse erhöhen die Kundennähe und die Zuverlässigkeit bei Termin- und Qualitätszusagen.
- Mehr Kundenorientierung bei Leistungen, Lieferung und Montage führt zu einer differenzierten (evtl. höheren) Kundenzufriedenheit.
- Sie macht das Unternehmen für Kunden „transparenter“ und erleichtert die Entscheidung der Kunden für Mehrfachkäufe, andere Leistungen und
- führt zu stärkerer Kundenbindung.

(2) Lieferanten:

- Besseres, geplantes Ausrichten des eigenen Angebots, der Beratung und der Services der A-, B- oder C-Lieferanten auf die Kundenerfordernisse bei A-, B- oder C-Kunden.
- Größere Kontinuität beim Einkaufen bis hin zu mehr Lieferantentreue.
- Mehr Transparenz bei der Auswahl von Lieferanten.
- Bessere Voraussetzungen für partnerschaftliche (langfristige) Beziehungen mit wichtigen Lieferanten; das stärkt auch die vertrauensvolle Zusammenarbeit.
- Mehr geplante anstelle spontaner Einkaufsentscheidungen bis hin zu (längerfristigen) Rahmenverträgen.
- Größere Chancen der Lieferanten, sich - wenn nötig - als Problemlöser zu präsentieren.
- Besseres Verständnis der Kundenwünsche, bessere Geschäftsbeziehungen, besseres Geschäftsklima.

(3) Banken:

- Mehr Transparenz in der Geschäftsentwicklung von Xaver Kunz.
- Verringerung der Risiken in der Zusammenarbeit.
- Höhere Planungssicherheit in den Geschäftsbeziehungen.
- Mehr partnerschaftliche Beziehung und Unterstützung bei der Finanz- und Liquiditätssicherung.

- Verbesserte Ansatzpunkte für branchenbezogene Beratung und Unterstützung bei Investitionsentscheidungen.
- Größere Chancen zur Präsentation der Zusammenarbeit als Mehrwert-Geschäftsbeziehung.

(Literaturhinweis: Lehrbuch „Unternehmensstrategie – Instrumente und Methoden zur Strategieentwicklung“, Kapitel 1)

2. Grundlagen des strategischen Denkens und Handelns

Situationsbezogene Frage

a) Erläutern Sie, was der Referent mit den Formulierungen „Machen wir das Richtige?" und „Machen wir es richtig?" zum Ausdruck bringen möchte.

Bei der Frage **„Machen wir das Richtige?"** geht es um

- die strategische Ausrichtung des Unternehmens auf die Erfordernisse in der Zukunft,
- Vorausdenken und Erkennen künftiger Entwicklungen im Umfeld des Unternehmens und Ermitteln der sich daraus ergebenden Chancen und Risiken (markt- und leistungsbezogen, finanziell, personell, existenziell),
- Festlegungen von längerfristigen Zielen und Vorgehensweisen zur Erreichung dieser Ziele, das heißt Formulierung von Strategien in einem unsicheren Umfeld des Unternehmens,
- Denken in Wettbewerbsvorteilen für das eigene Unternehmen, das heißt Vorausdenken von künftigen Besonderheiten oder Innovationen bei Leistungen und Geschäftsprozessen, die vom Kunden künftig erwartet werden und für die er Zahlungsbereitschaft entwickeln könnte,
- Denken in Alleinstellungsmerkmalen bei Produkten, Dienstleistungen und kundenorientierten Geschäftsprozessen, die für die Kunden einen höheren „Mehrwert" haben werden als ähnliche Mitbewerberleistungen,
- Prüfung der Eignung der derzeitigen Unternehmensstruktur und -größe (z. B. personell, finanziell, organisatorisch, führungs- oder leistungsmäßig) und evtl. Anpassung für die künftigen Erfordernisse.

Welche strategischen Entscheidungen oder Planungen „richtig" waren, kann erst später nach Ablauf des Planungszeitraums und den dann vorliegenden Ergebnissen festgestellt werden.

Bei der Frage **„Machen wir es richtig?"** geht es um

- fehlerfreie, operative Umsetzung der Strategie,
- fehlerfreie Durchführung der geplanten Vorgehensweisen und Maßnahmen zur Erreichung der gesetzten Ziele,

- Einbeziehung der Mitarbeiter, das heißt Beteiligung an der Festlegung und Abstimmung (Koordination) der erforderlichen Prozesse und Maßnahmen; das erhöht das Verständnis für die Arbeit der anderen, reduziert Mehrarbeit, senkt Fehlerquoten und Mehrkosten,
- Einbindung der Führungskräfte in die Strategiefindung; dies stärkt das Zugehörigkeitsgefühl, erhöht die Bindungsbereitschaft, steigert das Engagement bei der Umsetzung und festigt die Zusammenarbeit untereinander und mit den Mitarbeitern,
- Ausrichtung aller Geschäftsprozesse an den Kundenwünschen und Kundenerwartungen; nur so kann die Unternehmensstrategie mit ihren Teilstrategien optimal umgesetzt werden.

Die strategischen (längerfristigen) und die operativen (kurzfristigen) Entscheidungen beeinflussen sich gegenseitig. Vorliegende und nicht zu behebende Engpässe bei den Ressourcen begrenzen die Strategie und deren Realisierung.

Situationsbezogene Frage

b) Hans Maier ist sich angesichts der im Seminar festgestellten Verständnisprobleme seiner Beschäftigten nicht mehr so sicher, dass der Workshop „Strategisches Denken und Handeln“ sinnvoll war.
Welche Argumente würden Sie Hans Maier nennen, die für die Richtigkeit seiner Entscheidung sprechen? Nennen Sie mindestens vier Argumente, jeweils mit Begründung!

- Strategisch geführte Unternehmen sind wirtschaftlich erfolgreicher als nicht strategisch orientierte (bei den erstgenannten ist eine Ausrichtung des gesamten Unternehmens auf die längerfristigen Umfeldveränderungen gegeben und erhöht somit die Überlebenschance in schwierigen Zeiten).
- Strategien entwickeln ist Ausdruck bewusster Unternehmensführung und Unternehmenssteuerung mit geplanten Zielsetzungen und Kontrollen (Strategien werden in Planungen festgeschrieben, die es zu erfüllen gilt; es bleibt wenig bis nichts dem Zufall überlassen; spontane Improvisation taugt nicht als langfristig tragfähige Strategie).
- Klar formulierte Strategien, kontrollierbare Ziele und Maßnahmen sind Grundlagen für langfristigen Erfolg, also Erfolgsfaktoren des Unternehmens (Strategien sind der Kompass eines Unternehmens in einer unsicheren Umwelt und sichern den Erfolg und das Überleben des Unternehmens).

- Strategien formulieren ist Ausdruck des Agierens und nicht des Reagierens auf Aktivitäten anderer, z. B. Mitbewerber, Lieferanten oder Banken (die Führungskräfte bestimmen den Kurs des Unternehmens in der Zukunft selbst, sie warten nicht, bis andere ihnen ein reagierendes Handeln aufzwingen).
- Führungskräfte und Mitarbeiter wissen, wohin die Reise des Unternehmens geht, sind informiert und orientiert für die Zukunft, die sie erwartenden Aufgaben und die zu lösenden Herausforderungen (informierte Mitarbeiter sind wertvolle Mitarbeiter, denn sie wissen, was sie tun müssen und warum sie das so und nicht anders tun müssen).
- Strategisches Wissen erhöht die Leistungsbereitschaft der Führungskräfte und der Mitarbeiter, wenn sie in den Prozess der Erstellung und Umsetzung frühzeitig eingebunden werden (Steigerung der Motivation und der Bindungsbereitschaft an das Unternehmen).

(Literaturhinweis: Lehrbuch „Unternehmensstrategie – Instrumente und Methoden zur Strategieentwicklung“, Kapitel 2)

3. Wege zur Strategiefindung

Situationsbezogene Frage

a) Welche Gründe könnten Sie Karl Huber für ein emotional-intuitives Vorgehen bei der Strategiefindung nennen?

- Keine zuverlässigen zukunftsbezogenen Daten, große Unsicherheit über die künftigen Entwicklungen im Umfeld des Unternehmens erfordern hohe Flexibilität und Reaktionsfähigkeit am Markt.
- Gute Erfahrungen aus früheren, ähnlichen Konstellationen mit spontanen, aus der Situation heraus getroffenen Entscheidungen.
- Auf das Bauchgefühl hören (intuitives Verhalten): Wo keine spontane Sympathie mit dem Geschäftspartner besteht oder entsteht, ergeben sich später meist/oft Abwicklungsprobleme.
- Spontane, kurzfristige Reaktionen auf Mitbewerberaktionen bringen oft mehr (finanzielle oder imagewirksame) Erfolge als rational geplantes Vorgehen.
- Das Informations- und Kaufverhalten der Kunden ändert sich so rasch, dass nur über kurzfristige Reaktion auf Veränderungen am Markt Erfolge erzielt werden können.

Situationsbezogene Frage

b) Welche Überlegungen sind anzustellen, wenn Karl Huber seine Unternehmensstrategie lieber rational geplant entwickeln möchte?

- Möglichst umfassende und aussagekräftige Erfassung der künftig zu erwartenden Situationen und Veränderungen im Unternehmensumfeld in der Zukunft; systematische Marktforschung bei den wichtigsten Faktoren, unsystematische Markterkundung zeigt oft Zufallsergebnisse und keinen Zusammenhang der Fakten.
- Alternative Szenarien für mögliche Strategien entwickeln; innovative Ansätze nicht vernachlässigen; Strategien an potenziellen Alleinstellungsmerkmalen bei Produkten und Dienstleistungen ausrichten; diese mit erhöhtem Mehrwert für den Kunden ausstatten; das sind die Ertrag bringenden Wettbewerbsvorteile in der Zukunft.
- Unternehmensstrategie entwickeln und umsetzen; das benötigt ein leistungsfähiges Planungs- und Kontrollsystem zum Steuern der strategischen und operativen Aktivitäten für eine bestmögliche Strategierealisierung.

- Es müssen alle Unternehmensbereiche, Führungskräfte und Mitarbeiter, in den Prozess der Strategieentwicklung und der -realisierung eingebunden werden, sonst besteht die Gefahr des Nichtwollens infolge Nichtkennens der Strategie und der erforderlichen Maßnahmen.
- Analysieren des Betriebs hinsichtlich Schwachstellen oder Defiziten bei den für die Strategieumsetzung erforderlichen Ressourcen (z. B. bei Personal, Finanzen, Fertigungskapazitäten, kundenorientierten Geschäftsprozessen, Führungsorganisation oder Markt- und Kundenstruktur).
- Auf- und Ausbau der benötigten Ressourcen sind strategische Aufgaben, damit Teil der Unternehmensstrategie und daher strategiebezogen zu planen und zu steuern.

c) Würden Sie Karl Huber eine kombinierte Vorgehensweise vorschlagen (mit Begründung)?

Situationsbezogene Frage

Ein kombiniertes Vorgehen ist Karl Huber bei der Strategieentwicklung nicht zu empfehlen, da ein intuitiv-emotionales Vorgehen sich einer systematischen, langfristig orientierten Planung und Steuerung entzieht. Mit der Unternehmensstrategie wird die Entwicklung des Unternehmens kontrollierbar festgelegt; sie wirkt wie ein „Fahrplan", der aufzeigt, wie das Unternehmen sich in der Zukunft (z. B. in den nächsten 2 bis 3 Jahren) entwickeln wird, um wettbewerbsorientiert am Markt erfolgreich agieren zu können.

Dies kann mit meist auf Einzeleindrücken oder auf einem „Bauchgefühl" basierenden Intuitiventscheidungen nicht erreicht werden. Diese können allerdings oftmals Impulse oder Anregungen für die Formulierung und Ausrichtung einer Unternehmensstrategie geben. Die Strategie kann und darf jedoch nie auf intuitiven Entscheidungen basieren. Es fehlt die Überprüfbarkeit des Zustandekommens der Planwerte als Richtschnur für das künftige Vorgehen von Karl Müller.

Allerdings ist es im Bereich der operativen Umsetzung der Unternehmensstrategie durchaus vorstellbar, dass in Einzelsituationen intuitive Maßnahmenentscheidungen getroffen werden, um Schaden vom Unternehmen abzuwenden oder Chancen spontan zu nutzen. Da sich intuitive Maßnahmen der Kontrolle und der Steuerung zur Zielerreichung entziehen, können sie auch nicht geplanter Bestandteil der Strategierealisierung sein.

Situationsbezogene Frage

d) Welche Anforderungen und Grundsätze sollte die Strategieplanung von Karl Huber berücksichtigen?

Karl Huber sollte bei seiner Strategieplanung folgende Anforderungen und Grundsätze beachten:

- Strategieplanung besteht aus einer koordinierten Vielzahl von Teilplanungen und Kontrollen zur Steuerung **(Planungssystem)**.
- Fortlaufender Einsatz der Teilplanungen und Kontrollen **(Planungskonstanz)**.
- Erfassung aller Bereiche, jedoch mit Unterschieden in Umfang und Genauigkeit bei der Ermittlung der Planwerte bei den einzelnen Teilplanungen **(Planungsschwerpunkte)**.
- Beachtung der Wechselbeziehungen zwischen den Teilplanungen **(Planungsinterdependenz)**.
- Einbau von Plan- oder Soll-Ist-Abweichungstoleranzen soll Anpassungen bei den Teilplänen erlauben, ohne dass die gesamten Planwerte geändert werden müssen **(Planungselastizität)**.
- Strategieplanung sollte als flexibler Planungsprozess organisiert werden; dieser gibt den beteiligten Führungskräften und Mitarbeitern Entscheidungs- und Handlungsspielraum; er ist Voraussetzung für die Anwendung moderner Führungsstile und Führungsmethoden **(Motivationsfunktion)**.
- Die Strategieplanung ist ein koordiniertes System von Teilplanung und Teilkontrollen, in dem durch mehr oder weniger häufige Soll-Ist-Abweichungen mit anschließenden Ursachenanalysen neue, zusätzliche Informationen für evtl. Anpassungen einzelner Planwerte gewonnen werden **(Planungskontrolle)**.

(Literaturhinweis: Lehrbuch „Unternehmensstrategie – Instrumente und Methoden zur Strategieentwicklung“, Kapitel 3.1 und 3.2)

4. Instrumente und Methoden der Strategieentwicklung

4.1 Strategische Informationen durch Kundenanalyse

a) Welche zusätzlichen Risiken könnten bei der Firma Scheck bei den einzelnen Kundengruppen noch auftreten? Nennen Sie bitte jeweils zwei weitere Risiken pro Kundengruppe.

Situationsbezogene Frage

Gewerbliche Kunden

- preisaggressives Angebot von Premiumleistungen
- Abkehr von längerfristigen oder Rahmenverträgen
- überproportionaler Kostenanstieg bei der Lieferlogistik

Größere Industriekunden

- Abhängigkeitsrisiko, erhöhtes Umsatzverlustrisiko, da Großabnehmer
- steigendes Kostenrisiko bei Forschung & Entwicklung für Großkunden
- erhöhte Personalrisiken infolge Abwandern oder Abwerben qualifizierter Mitarbeiter

Öffentliche Betriebe

- Ertragsrisiken bei Wegfall der partnerschaftlichen Beziehungen
- steigende Kostenrisiken durch erhöhte logistische Serviceleistungen
- Fixkostenrisiken, wenn Auslastung geringer wird

Privatkunden

- Renditerisiken durch Abnahme der Bezugsquellentreue
- erhöhtes Fixkostenrisiko wegen Zunahme des Kaufs kleiner Mengen, aber mit steigender Häufigkeit
- Risiko des Gesamtkostenanstiegs bei „Alles aus einer Hand"-Strategie

Situationsbezogene Frage

b) Welche strategischen Maßnahmen bei den einzelnen Kundengruppen würden Sie der Firma Georg Scheck vorschlagen, um auch die von Ihnen zusätzlich genannten Risiken zu begrenzen und die strategischen Ziele (morgen) besser zu erreichen? Nennen Sie bitte mindestens drei Maßnahmen pro Kundengruppe!

Strategische oder operative **risikosenkende Maßnahmen** könnten sein für:

Gewerbliche Kunden

- Verstärkte Terminsteuerung und Terminkontrollen (sog. Tracking) in der inner- und außerbetrieblichen Logistik, evtl. verbindliche Termintreue garantieren.
- Angebot von Staffelpreisen bei langfristigen und Rahmenverträgen.
- Verbesserte und differenzierte, kundenspezifische Vorteils- und Mehrwertargumentation zur Abwehr preisaggressiver Mitbewerber.

Größere Industriekunden

- Noch intensivere Zusammenarbeit in Forschung und Entwicklung (z. B. Mitarbeiter sind direkt im Entwicklungsteam beim Kunden tätig).
- Partnerschaftliche Zusammenarbeit schafft gegenseitiges Vertrauen und erhöht die Bindungsbereitschaft der Partner.
- Verringerung der Personalrisiken durch verbesserte Einbindung der Mitarbeiter in übergreifende Geschäftsprozesse (mind. 1 Tag in der Woche in der eigenen Firma tätig), erweiterte Entscheidungsbefugnisse und leistungsbezogene Entlohnung.
- Gezieltes Kundenmanagement zur Pflege der Kundenbeziehungen und des Images (Beziehungspflege bei Führungskräften und Mitarbeitern in Einkauf, Forschung und Entwicklung, Produktion und Montage oder anderen Bedarfsträgern).

Öffentliche Betriebe

- Verstärktes Angebot als Alleinlieferant zur Abwehr der Preisfokussierung und der Fixkostenrisiken bei Auftrags- oder Kundenverlust.
- Weitere Pflege der partnerschaftlichen Beziehungen durch gezieltes Kundenbeziehungsmanagement.
- Spezielle Logistikservices unter vermehrtem Einbezug des/der Kunden entwickeln (Kostensenkung durch Funktionsausgliederung); das stärkt auch die Kundenbindung.

Privatkunden

- Verstärkte Nutzung des geänderten Informations-, Kommunikations- und Kaufverhaltens mit und durch die neuen Medien (speziell Social Media), in Werbung und Verkauf.
- Verstärktes Angebot an Premiumleistungen (Leistungspaketen) zu attraktiven, kaufwirksamen Preisen und Konditionen; Vorzugspreise senken die Wechselbereitschaft der Kunden.
- Innovative und Mehrwert-attraktive Leistungen entwickeln und kundenindividuell anbieten.
- Intensive Kundenpflege zur Steigerung der Kundenzufriedenheit und des Vertrauens in das Unternehmen.

(Literaturhinweis: Lehrbuch „Unternehmensstrategie - Instrumente und Methoden zur Strategieentwicklung", Kapitel 4.4)

4.2 Strategischer Einsatz von Mehrwertargumenten

Situationsbezogene Frage

a) Für eine Bauunternehmung lassen sich folgende Kategorien für allgemeine Vorteils- oder Mehrwertargumente feststellen:
- guter Facharbeiterstamm
- eigene Planungsabteilung
- „Alles aus einer Hand"
- Qualitätsgarantie
- bewährter Subunternehmer
- moderne Technologie
- kundenorientierte Vertragsgestaltung
- umfangreiche Referenzen.

Nennen Sie für jede dieser Kategorien mindestens drei Einzelpositionen, die für die Kunden von Hans Müller „Spezielle Wettbewerbsvorteile" gegenüber Mitbewerbern darstellen können.

Folgende speziellen Fakten/Ausprägungen im Betrieb von Hans Müller könnten für die Kunden attraktiv und kauffördernd wirken:

- **guter Facharbeiterstamm**
  - langjährige Mitarbeiter
  - regelmäßige Schulungen
  - ständige Weiterbildung
  - hohe Kompetenz in den neuesten Techniken

- **eigene Planungsabteilung**
  - individuelle, kundengerechte Planung
  - kreative Gestaltung
  - sehr kurze Umsetzungszeiten in Produktions- und Montagepläne
  - Realisierung von Sonderwünschen
  - leistungsstarkes, modernes Kalkulationssystem zur genauen Ermittlung der Massen, Kosten und Preise
- **„Alles aus einer Hand“**
  - Hoch- und Tiefbau; kein Einschalten von Subunternehmern
  - schlüsselfertiges Bauen
  - Variantenvielfalt in der Außen- und Innengestaltung
  - Gewerke übergreifende Planung und Steuerung der Maßnahmen, Termine und Kosten (zentrale Prozesssteuerung)
  - ein Projektverantwortlicher als sog. „Kümmerer“ ist Hauptansprechpartner für den Kunden
- **Qualitätsgarantie**
  - umfangreiche Erfahrung im hochwertigen Bauen
  - ISO-Zertifizierung für den Gesamtbetrieb und die wichtigsten Prozesse
  - eigenes System der Qualitätssicherung in den Prozessen
  - Null-Fehler-Garantie bei Bau-Abnahme
  - Abnahme mit vereidigten, öffentlich bestellten Sachverständigen oder Sachverständigen der Handwerkskammer
  - gutes Qualitätsimage in der Branche und bei den Kunden; hohe Kundenzufriedenheit als Indikator
- **bewährter Subunternehmer**
  - langjährige Erfahrungen in der Zusammenarbeit mit anderen bekannten (Bau-)Unternehmen
  - gutes Image in der Branche (zuverlässig, pünktlich, gute Qualität)
  - mit einigen Kunden bestehen langjährige, partnerschaftliche Geschäftsbeziehungen
  - günstige Kosten- und Preisstrukturen

- **moderne Technologie**
  - Maschinenpark entspricht den Standards des technischen Fortschritts
  - moderner, umweltfreundlicher Fuhrpark
  - leistungsfähige, internetbasierte Informations- und Kommunikationstechnik
  - mobile (iPhone-gestützte) Projektsteuerung und -überwachung
  - EDV-Verknüpfung mit Kunden und Lieferanten, z. B. Herstellung und Lieferungen „on demand" (auf Abruf)
- **umfangreiche Referenzen**
  - differenzierte Kundenzufriedenheitsnachweise für einzelne Kundengruppen (z. B. Wohn-, Gewerbe-, öffentliche und Geschäftsbauten)
  - Teilnahme an Qualitätswettbewerben und Leistungsschauen
  - Teilnahme von Mitarbeitern und Lehrlingen an Leistungswettbewerben (gute bis beste Platzierungen)
  - Referenzen über (Lang-)Fristigkeit der Geschäftsbeziehungen insgesamt und nach Kundengruppen (Kundenbindung)
  - Einzelreferenzen von Kunden über die Kundenbeziehungspflege von Hans Müller persönlich und seinen Mitarbeitern
- **kundenorientierte Vertragsgestaltung**
  - Formulierungen nicht in „Juristendeutsch", sondern für den Laien verständlich
  - keine Fallstricke oder versteckte Kostenfaktoren im Kleingedruckten
  - Prüfung des Vertragstextes durch einen Juristen (vertrauensbildende Maßnahme)
  - Hinweise bei Vertragsabschluss auf mögliche Unterschiede im Verständnis von Formulierungen
  - vertragliche Zusicherung von Mehrwertleistungen für den Kunden, z. B. Einbau einer Qualitätsgarantie, Termingarantie und/oder einer Preisgarantie

Situationsbezogene Frage

b) Welche Vorgehensweise würden Sie Hans Müller zur Ermittlung der „Allgemeinen und speziellen Vorteile (Mehrwert)“ vorschlagen?

- Festlegung der strategisch wichtigsten Kundengruppen (Zielgruppen).
- Einsatz eines gemischten Teams aus Führungskräften und Mitarbeitern mit Marktkenntnissen und Kundenerfahrungen.
- Erarbeitung der Vorteilsargumente (Mehrwertargumente) pro ausgewählter Zielgruppe durch kleinere Arbeitsgruppen; vorteilhaft ist hier der Einsatz der Kartentechnik (pro Argument eine Karte).
- Jede Arbeitsgruppe bringt ihre definierten Kundenvorteile in eine Rangreihe, die unter Berücksichtigung der Bedeutung der Vorteile für den Kunden und der Vorteilsargumentation des Hauptwettbewerbers festgelegt wird.
- Die Arbeitsgruppen stellen ihre Ergebnisse im Plenum den anderen Teammitgliedern zur Diskussion.
- Harmonisierung, Ergänzung oder Modifizierung der spezifischen Vorteilsargumente der einzelnen Zielgruppen durch die Teammitglieder (im Plenum).
- Das Teamergebnis bei der Festlegung der Vorteilsargumente für die strategisch wichtigen Kundengruppen ist auch von der Geschäftsführung zu verifizieren.
- Die erweiterte Geschäftsführung (Inhaber, Geschäftsführer und alle Führungskräfte) erklärt die zielgruppenspezifischen Vorteilsargumentationen als verbindlich für die Realisierung der Strategie.

(Literaturhinweis: Lehrbuch „Unternehmensstrategie - Instrumente und Methoden zur Strategieentwicklung“, Kapitel 4.4)

5. Weitere Ansatzpunkte in Theorie und Praxis zur Strategieentwicklung

5.1 Differenzierung und Kostenführerschaft

Situationsbezogene Frage

a) Welche Strategie würden Sie Felix Mark vorschlagen? Begründen Sie Ihre Entscheidung!

Der Seniorchef Peter Mark hat seinen Betrieb auf das Angebot von hochwertigen Premiumleistungen ausgerichtet und geführt. Bei ihm stand seit jeher die absolute Kundenorientierung im Mittelpunkt seiner Unternehmensstrategie. Er handelte nach dem Motto „Klasse statt Masse" - und Klasse (Qualität) hatte bei Peter Mark ihren Preis, einen Premiumpreis. Seine Kunden akzeptierten diesen Preis, da die gebotenen Leistungen den Kunden spezifische Vorteile (Kundenmehrwert) brachten, welche die Kunden in dieser Form nicht von den Wettbewerbern erhielten oder nicht erhalten konnten (wegen Patent- oder Gebrauchsmusterschutz seitens der Fa. Mark).

Peter Mark übergibt/übergab seinem Sohn, Felix Mark, einen Betrieb mit gutem Qualitätsimage, zufriedenen, z. T. langjährigen Kunden, die das an Premiumleistungen orientierte Betriebspotenzial schätzten und teilweise noch schätzen. In diesem Marktsegment sind - auch bei kleinerem Umsatzvolumen - gute Spannen und höhere Renditen zu erwirtschaften (Spitzenqualität wird von Kunden mit Spitzenpreisen honoriert), wenn das Vertrauen der Kunden in individuelle Leistungen mit Alleinstellungsmerkmalen, die subjektiven Mehrwert bieten, nicht enttäuscht, sondern bestätigt wird. Darauf kann und sollte Felix Mark aufbauen und den Betrieb in die Richtung „Premiumanbieter" weiterentwickeln.

Felix Mark sollte deshalb die vom Vater begonnene **Strategie der Differenzierung** fortsetzen, um die früheren Investitionen zur Schaffung der derzeitigen Marktposition weiterhin voll wirksam zu nutzen; Kontinuität in der bisher erfolgreichen Unternehmensstrategie.

Situationsbezogene Frage

b) Beschreiben Sie, was Felix Mark Ihrem Wissen und Ihrer Erfahrung nach in seinem Betrieb ändern muss, um eine Strategie der Kostenführerschaft zu realisieren?

Möchte Felix Mark künftig eine Strategie der Kostenführerschaft verfolgen, dann sollte er in seinem Betrieb beispielsweise Folgendes beachten bzw. neu gestalten:

- Überprüfung der bisherigen Markt- und Kundenstruktur; Festlegung der „neuen" strategisch relevanten Märkte und Kundengruppen
- Ausrichtung der Betriebsstruktur (u. a. Personal, Prozesse, Technik, Verknüpfung von interner und externer Information und Kommunikation, Verkauf und Vertrieb, ...) auf die Wünsche und Preiserwartungen der neuen Kundengruppen
- Ausrichtung auf standardisierte Produkte und Dienstleitungen, die in größeren Mengen kostengünstig produziert und zahlreichen Kunden preisgünstig angeboten werden können
- systematischer Ausbau der Betriebsgröße und Standardisierung aller Betriebsprozesse, um größere Marktanteile und Kostendegressionseffekte zu erreichen
- hohe Automatisierung der Herstellungs- und Vertriebsprozesse, um ein kontinuierlich niedriges Kostenniveau zu erreichen und zu sichern
- Organisation der Herstellungsprozesse als Produktion mit hohem Montageanteil an standardisierten Vorleistungen der Lieferanten
- auch teilweise Integration von Lieferanten und Kunden über Ausgliederung von Funktionen (z. B. Qualitätskontrollen oder Lieferung bzw. Abholung), die diese Partner dann selbst übernehmen und ausführen und so zur Kosten- und Preissenkung beitragen
- Große Betriebe mit hohem Marktanteil und niedrigem (optimalem) Kostenniveau wirken als Markteintrittsbarrieren für potenzielle Wettbewerber.

c) Würde Felix Mark die Strategie der Differenzierung weiter verfolgen, auf welche speziellen Wettbewerbsvorteile sollte er dann sein besonderes Augenmerk richten? Nennen Sie mindestens vier Leistungen (mit Begründung der Wirkung beim Kunden)!

Situationsbezogene Frage

Felix Mark könnte mit folgenden Vorteilsargumenten bei seinen Kunden erfolgreich sein:

- **Gesicherte Premiumqualität bei den Produkten und Dienstleistungen**
  - Garantien hinsichtlich Ausführung, Termintreue und Zuverlässigkeit erhöhen die Kundenzufriedenheit und stärken das Vertrauen der Kunden für weitere Zusammenarbeit.
  - Premiumqualität steht für Zusage und Lieferung kundenspezifischer Problemlösungen (Produkte und Dienstleistungen) mit hohem Mehrwert für die Kunden.
- **Hohe Servicebereitschaft**
  - Umfassendes Angebot an Serviceleistungen im Rahmen von Pre- und After-sales-Services (z. B. Beratung, Planung, Wirtschaftlichkeitsberechnungen vor dem Kauf, Finanzierungshilfen, Inzahlungnahme von Altgeräten beim Kauf oder Montagehilfe, Reparaturdienst, Angebot einer Hotline zur Störungsbehebung als Nachkaufservice u. a. m.) sind äußerst wirksame Gestaltungselemente einer Premiumstrategie.
  - Sehr geeignet, dem Kunden wirksame Vorteile zu bieten, die er in dieser Form, Qualität und Umfang von den Mitbewerbern nicht erhält.
- **Hohe Beratungsqualität**
  - Mitarbeiter mit hoher Fach- und Sozialkompetenz verstehen „unsere“ Kunden; Verkaufsgespräche sind bei einer Premiumstrategie stets primär Beratungsgespräche.
  - Beratung heißt: zusammen mit dem Kunden dessen Probleme mit bestmöglichem, individuellem Nutzen für den einzelnen Kunden zu lösen.
  - Beratung ist ein zentrales Anliegen des Verkaufs – unter Einbezug aller Mitarbeiter des Unternehmens (Ausdruck der dominanten Kundenorientierung).
  - Beratung fördert das Vertrauen in die Kompetenz des Unternehmens und seiner Mitarbeiter.

- **Intensive Nachkaufbetreuung**
  - Der Kunde wird nach dem Kauf nicht mit evtl. auftretenden Problem, z. B. der Bedienung, der Wartung, der Störungshebung o. Ä., allein gelassen, sondern mit kundenspezifischen personellen oder technischen Leistungsangeboten gezielt versorgt.
  - Leistungsgarantien für störungsfreie Nutzung der Produkte sind ein zentrales Element einer Premiumstrategie.
  - Durchführen und Bekanntmachen von Ergebnissen differenzierter Kundenzufriedenheitsmessungen steigert die Kundentreue.
  - Nachkaufbetreuung festigt/erhöht die Preisbereitschaft und erleichtert die Gewinnung neuer Kunden.
  - Aktivitäten zur Kundenbindung haben für die Kunden meist ein hohes Vorteils- oder Mehrwertpotenzial und werden daher sehr geschätzt.

Situationsbezogene Frage

d) Halten Sie es für sinnvoll, wenn Felix Mark versucht, beide Strategien miteinander zu kombinieren? Begründen Sie Ihre Einschätzung!

Die Unternehmensstrategien „Differenzierung" und „Kostenführerschaft" sind alternative Strategien. Sie unterscheiden sich im Ansatz.

Bei einer **Strategie der Differenzierung** stehen die unterschiedlichen Kundenwünsche und -erwartungen und deren individuelle Ausprägungen im Zentrum unternehmerischen Denken und Handelns. Es geht um das Erbringen kundenindividueller Leistungen, für die der Kunde bereit ist, einen vorteilsbasierten Preis zu bezahlen. Dieser ist in aller Regel höher als Preise für Standardleistungen, die auch bei anderen Anbietern zu unterschiedlichen Preisen erworben werden können. Hier dominiert „Klasse" statt "Masse".

Bei der **Strategie der Kostenführerschaft** stehen nicht die individuellen Ausprägungen der jeweiligen Kundenprobleme im Mittelpunkt unternehmerischen Handelns. Hier sind es die häufigsten Ausprägungen/Anforderungen der jeweiligen Kundenprobleme, die die Strategie des Unternehmens bestimmen. Hier dominiert das Erbringen kosten- und preisgünstiger Standardleistungen die Strategie des Unternehmens. Der Wettbewerb wird dabei über niedriges Kostenniveau und niedrige Preise gestaltet. Voraussetzung ist eine mengenorientierte Fertigung und Vermarktung auf der Basis standardisierter Erstellungs- und Vertriebsprozesse. Hier dominiert „Masse" statt „Klasse".

Diese Unterschiede in den strategischen Ansätzen zeigen, dass ein kombinierter Einsatz der beiden Strategien nicht oder nur in Teilbereichen möglich ist. Das Unternehmen hätte bei den Kunden der verschiedenen Kundengruppen Image-, Verständnis- und Vertrauensprobleme.

Für qualitätsorientierte Kunden wäre das Unternehmen als Premiumlieferant mit kundenindividuellen Vorteilen und Problemlösungen unglaubwürdig, wenn es sich am Markt/bei den Kunden gleichzeitig als Anbieter von massenhaften Standardleistungen für preisorientierte Kunden positionieren und präsentieren würde.

Wichtig ist, dass im Rahmen einer Differenzierungsstrategie durchaus Überlegungen zur Standardisierung bei den Leistungs- und Kommunikationsprozessen eine Rolle spielen können, um einen größeren Spielraum für die Preisgestaltung zu erhalten. Dies ist aber kein Streben nach Kostenführerschaft im Betrieb und am Markt.

(Literaturhinweis: Lehrbuch „Unternehmensstrategie - Instrumente und Methoden zur Strategieentwicklung“, Kapitel 5.3)

5.2 Portfolio-Analyse

Situationsbezogene Frage

a) Welche Hinweise für die künftige Strategie erhält Fritz Müller aus den Gliederungsgesichtspunkten „Marktattraktivität" und „relative Wettbewerbsstärke"? Und für welche Informationen steht die unterschiedliche Farbgebung der Matrixfelder?

„Marktattraktivität" ist ein Sammelbegriff, dessen Ausprägungen „niedrig", „mittel" und „hoch" aufzeigen, wie vorteilhaft oder nachteilig die Gegebenheiten/Entwicklungen in einem Markt für das eigene Unternehmen sein können/sind. Es geht um die Bewertung von Realitäten und Potenzialen bei Marktwachstum, Kundenstrukturen, Wettbewerberdichte sowie Stärke und Entwicklungspotenzial der einzelnen (Haupt-)Mitbewerber. Die sich daraus ergebenden Chancen und Risiken für Wachstum, Innovationen und Renditen für das eigene Unternehmen machen einen Markt dann mehr oder weniger „attraktiv" für unternehmerisches Engagement.

„Relative Wettbewerbsstärke" in geringer, mittlerer oder hoher Ausprägung ist Ausdruck der Bewertung der Stärken (oder Schwächen) der Aktivitäten des eigenen Unternehmens im Vergleich zu seinen Mitbewerbern, um bei Kunden erfolgreich zu sein. Bei diesem Begriff geht um eine vergleichende Bewertung (daher „relative" Wettbewerbsstärke) bei markt- und kundenwirksamen Strukturen und Aktivitäten wie z. B. Marktanteilen bei strategisch wichtigen Leistungen, Sortimentsstruktur, Kundenorientierung in den Geschäftsprozessen, Image bei den Kunden, Stand bei der Herstellungs- und Informationstechnologie (Innovationsgrad) sowie Kostenstrukturen und Ertragspotenzialen des eigenen Unternehmens.

Stellt Fritz Müller diese beiden Bewertungen für die eigenen Leistungen oder Leistungspakete in einer Portfolio-Matrix dar, kann er durch die Zuordnung Hinweise für die künftigen unternehmerischen Aktivitäten bei diesen Leistungen erhalten. So zeigt eine Einordnung in die unterschiedlichen Farbfelder der Matrix:

- **„Erntefelder" (hellgraue Felder):** Keine zusätzlichen Marketing- oder sonstigen Investitionen, sondern Abschöpfen der Umsätze und Erträge; kostensenkende Maßnahmen zur Ertragsstabilisierung oder -steigerung; langfristiger Ersatz dieser Leistungen u. a.
- **„Selektionsfelder" (dunkelgraue Felder):** Hier ist unternehmerisches Handeln gefragt, denn in diesem Feld eingeordnete Leistungen erfordern Entscheidungen hinsichtlich strategischer oder operativer Desinvestition (= Aufgeben oder Auslaufenlassen) oder strategische Investition und operative Forcierung (= Auf- und Ausbau) zur Verbes-

serung des Mehrwerts für die Kunden und der Rendite für das Unternehmen.

- **„Wachstumsfelder“ (weiße Felder):** Hier zugeordnete Leistungen sind die derzeitig und künftig strategisch wichtigsten Aktivitätsfelder. Diese Leistungen sind die Ertrags- und Wachstumsgaranten für das Unternehmen. Sie gilt es sowohl bei der Leistungsqualität als auch beim Image permanent weiterzuentwickeln, um die Attraktivität für die Kunden fortlaufend zu erhöhen. Diese Leistungen und deren Kunden müssen im besonderen Fokus des Unternehmens, seiner Geschäftsprozesse und des Verhaltens seiner Mitarbeiter stehen.

Situationsbezogene Frage

b) Die derzeitigen Jahresumsätze bei den einzelnen Produkten und Dienstleistungen belaufen sich auf:
A = 300 Tsd.
B, H, D jeweils 150 Tsd.
F = 80 Tsd.
G =70 Tsd.
C, E jeweils 50 Tsd.

Fritz Müller möchte seinen Gesamtumsatz in den nächsten 2 Jahren um insgesamt ca. 20 % steigern. Dabei wird von einem Mindestwachstum von 5 % bei den einzelnen Produkten und Dienstleistungen ausgegangen.

Bei welchen seiner Leistungen A bis H würden Sie Wachstumsraten über-, normal- oder unterproportional vom bisherigen Umsatz planen? Und mit welchem neuen Jahresumsatz pro Produkt und insgesamt könnte Fritz Müller rechnen? (Bitte mit kurzer Begründung)

Begründungen für den Ansatz von über-, normal- oder unterproportionalen Planwerten und für die nachstehend vorgeschlagenen Wachstumsraten:

- „A“ und „H“ unterliegen starkem Preiswettbewerb mit dem Risiko, dass selbst bei steigenden Umsätzen sich die Umsatzrendite rückläufig entwickeln kann. Fritz Müller sollte langfristig diese Umsätze gezielt zurückfahren und so die relative Abhängigkeit von diesen (Cash Cow-)Produkten (45 % vom derzeitigen Umsatz) verringern. Vorschlag: unterproportionales Wachstum; Fritz Müller könnte z. B. in diesem Bereich nur noch 5 % Zuwachs einplanen.
- „B“ als Standardprodukt oder Standarddienstleitung hilft wenig bei der Profilierung bei den Kunden. Es wird z. B. einfach erwartet, dass diese Leistung erbracht wird (evtl. eine gewerbespezifische Leistung).

Problematisch ist die Preisempfindlichkeit. Fritz Müller sollte dieses Geschäft nicht forcieren, sondern ein unterproportionales Wachstum einplanen und seine Kräfte auf andere Leistungsangebote verlagern. Er sollte daher z. B. nur ein Plus von 5 % einplanen.

- Weiterhin problematisch ist, dass die genannten drei Produkte „A", „H" und "B" einen derzeitige Umsatzanteil von insgesamt 60 % darstellen und dies mit unsicherem Renditepotenzial.
- „C" und „E" sind neue Leistungskombinationen mit hohem Image-, Umsatz- und Renditepotenzial. Sie bieten den Kunden hohe Mehrwerte und sind daher im Marketing überproportional zu forcieren. In der Absatz- und Umsatzplanung sind überdurchschnittliche Wachstumswerte einzustellen. Hier wird beispielhaft von einem Wachstum von 40 % ausgegangen.
- „D" könnte ein künftiger Hauptumsatzträger für Fritz Müller werden mit hohem Umsatz- und Ertragspotenzial. Daher sollte Müller eine überproportionale Umsatzausweitung anstreben; es werden z. B. 30 % eingeplant.
- „F" als innovatives Leistungsprogramm mit hohem Wachstumspotenzial ist ebenfalls marketingmäßig zu forcieren, um zusätzliche Kundengruppen zu erschließen und die relative Wettbewerbsstärke über ein mittleres Niveau hinaus zu verbessern. Durch diese Aktivitäten könnte Müller auch einen überproportionalen Zuwachs (z. B. 80 %) des bisherigen Umsatzes erreichen.
- „G" ist eine ertragsstarke Leistung. Die Attraktivität bei den Kunden soll durch mehr Vorteile so verbessert werden, dass die Leistung eine hohe Wettbewerbsstärke aufweisen wird. Es kann mit einem überproportionalen Umsatzwachstum gerechnet werden. Hier wird angenommen, dass Fritz Müller z. B. mit einem Plus von 30 % des bisherigen Umsatzes rechnet.

Ergänzender Lösungshinweis:

Die angenommenen %-Werte sind beispielhaft. Wichtig ist, dass bei der Lösung dieser Aufgabe Zahlenwerte für über-, normal- oder unterproportionalem Wachstum angenommen und bei der Rechnung berücksichtigt werden.

Umsatzplanung für die einzelnen Leistungen/Leistungsprogramme von Fritz Müller (Beispiel)

Leistung	bisheriger Umsatz (in Tsd. Euro)	Umsatz-steigerung (in %)	Umsatz-steigerung (in Tsd. Euro)	geplanter Umsatz (in Tsd. Euro)
A	300,0	5	15,0	315,0
B	150,0	5	7,5	157,5
C	50,0	40	20,0	70,0
D	150,0	30	45,0	195,0
E	50,0	40	20,0	70,0
F	80,0	80	64,0	144,0
G	70,0	30	21,0	91,0
H	150,0	5	7,5	157,5
Gesamt	1.000,0		**200,0**	**1.200,0**

Situationsbezogene Frage

d) Mit der Umsatzplanung muss Fritz Müller auch seine Unternehmensstrategie neu ausrichten. Wo würden Sie die neuen Umsätze von A bis H in einer Portfolio-Matrix positionieren? Zeichnen Sie die angestrebten Positionen von A bis H als Kreise in nachstehende Portfolio-Matrix!

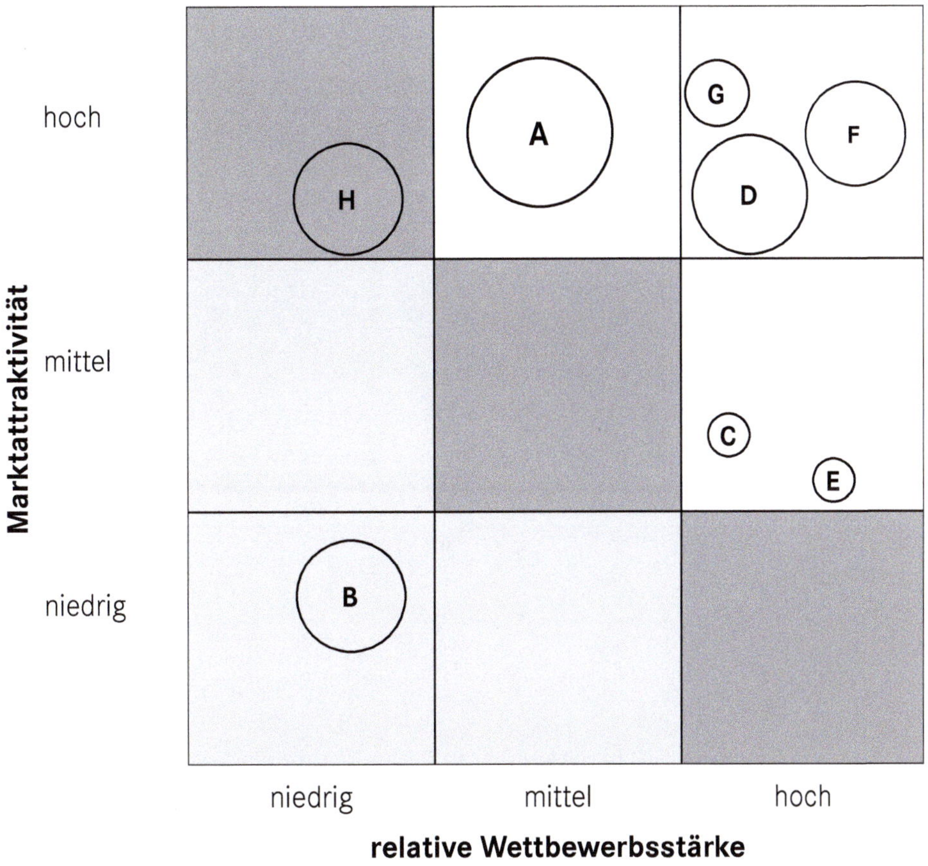

Die Leistungen „F“ und „G“ sollten aufgrund der Planungsvorgaben anders positioniert werden als bisher. Es handelt sich künftig um strategisch wichtige Leistungen.

(Literaturhinweis: Lehrbuch „Unternehmensstrategie - Instrumente und Methoden zur Strategieentwicklung“, Kapitel 4.3 und 5.5)

6. Erarbeiten einer ganzheitlich ausgerichteten Unternehmensstrategie

Situationsbezogene Frage

a) Welches sind die relativ starken und welches die relativ schwachen Erfolgsfaktoren des Unternehmens von Fritz Klein? Erstellen Sie eine Gegenüberstellung der Rangreihen der Erfolgsfaktoren für (1) „heute“ und (2) „morgen“, die dies verdeutlicht. Was hat sich geändert und warum?

Rangreihe der Erfolgsfaktoren im Unternehmen von Fritz Müller

„heute“	und	„morgen“
	relative Stärken	
Mitarbeiter (8,7)		Kundennähe (9,3)
Kundennähe (8,0)		Strategie (9,2)
Strategie (7,7)		Mitarbeiter (9,0)
Führungssystem (7,0)		Führungssystem (7,8)
		Organisation (7,5)
	relative Schwächen	
Organisation (5,3)		Informationssysteme (5,3)
Informationssysteme (5,0)		

Die künftige Unternehmensstrategie von Fritz Müller wird vor allem geprägt sein von Maßnahmen zum weiteren Ausbau der **Kundennähe** (9,3 statt 8,0) und der weiteren Bedeutung der **Mitarbeiter** (9,0 statt 8,7). Besonders zu beachten ist die hohe Bewertung der Anstrengungen bei der **Organisation** als wesentlichem Erfolgsfaktor (7,5 statt 5,3). Auch die hohe strategische Bedeutung von geplanter **Strategiefindung** und **Strategieumsetzung** wird berücksichtigt (9,2 statt 7,7).

Die **Informationssysteme** bleiben auch weiter eine strategische Schwachstelle bei Fritz Klein (5,3 statt 5,0)

Situationsbezogene Frage

b) Welche heutigen Schwächen gegenüber den Branchenbesten sehen Sie in Teilbereichen der Erfolgsfaktoren von Fritz Klein? Begründen Sie Ihre Antwort!

Als Schwächen werden Ausprägungen angesehen, deren Wert bei etwa 5 Punkten oder darunter liegt. In diesen Teilbereichen ist Fritz Klein weit von den Spitzenwerten der Branchenbesten entfernt. Diese Ausprägungen können von Fritz Klein durchaus als ausreichend gesehen werden, führen aber real schon zu strategischen Nachteilen im Wettbewerb. Bei der strategischen Betriebsanalyse wurden bei den Erfolgsfaktoren z. B. folgende Schwächen aufgezeigt:

- **Organisationsschwächen**
  - Aufbauorganisation (z. B. zu hierarchisch)
  - Ablauforganisation (z. B. keine kundenorientierte Prozessorganisation)
  - Technologieeinsatz (z. B. keine/zu wenig interne und externe Verknüpfung)
  - Selbstorganisation (z. B. keine/geringe Arbeitsordnung nach wichtig = sofort, weniger wichtig = später)
- **Schwachstellen im Informationssystem**
  - Strategie (mangelnde Berücksichtigung als Wettbewerbsfaktor)
  - Daten (keine/wenig Sammlung und Analyse von Markt-, Kunden- oder Wettbewerberinformationen)
  - Betriebsform (wenig/geringe Vernetzung; keine Verknüpfung moderner Kommunikationsformen, wie Internet, mobile und Social-Media-Plattformen)
  - Stellenwert (Unterschätzung der strategischen Bedeutung des veränderten Informations- und Kommunikationsverhaltens der Konsumenten auf deren Kaufverhalten und Kaufentscheidungen)
  - Anwendungen (zu wenig Verknüpfung der internen und externen Informationsgewinnung und Verarbeitungsprogramme, wie etwa Vertriebs- und Produktionssteuerung; zu viele Insellösungen mit Koordinationsproblemen)

Bei allen übrigen Erfolgsfaktoren lassen sich keine gravierenden strategischen Schwächen feststellen.

Situationsbezogene Frage

c) Mit welchen drei Haupt-Erfolgsfaktoren sollte Fritz Klein die künftige Unternehmensstrategie schwerpunktmäßig gestalten und umsetzen? In den dort wichtigsten zwei Teilbereichen würden Sie welche strategisch wirksamen Maßnahmen (mindestens 3) vorschlagen, um Fritz Klein im Wettbewerb strategisch noch besser zu platzieren?

Als zukünftige strategische Haupt-Erfolgsfaktoren hat Fritz Klein erkannt und festgelegt:

1. Kundennähe
2. Strategie
3. Mitarbeiter.

Für die beiden wichtigsten Teilgebiete/Aktivitätsbereiche der oben genannten Erfolgsfaktoren werden folgende Maßnahmen zur Realisierung vorgeschlagen:

1. Kundennähe

- **Kundenbeziehung**
  - Ausbau der Ermittlung differenzierter Kundenzufriedenheit und imagewirksame Kommunikation der Ergebnisse
  - Auf- und Ausbau des Kundenbeziehungsmanagements, insbesondere der Kundenpflege zur Verbesserung der Kundenbindung (z. B. Bonusprogramme)
  - gezielte Anreize für Cross-Selling und Wiederholungskäufe
  - Entwicklung und Ausbau der Leistungen mit hohem Vorteils- oder Mehrwertpotenzial für die Kunden
- **Strategie**
  - verstärkte Ausrichtung aller Aktivitäten im Unternehmen auf Kundenbelange
  - Auf- und Ausbau eines kundenorientierten Planungs- und Kontrollsystems

2. Strategie

- **Unternehmensgrundsätze**
  - Erarbeiten einer Firmenphilosophie unter Einbezug/Beteiligung aller Beschäftigten, denn diese müssen sie nachher umsetzen/leben
  - schriftliche Formulierung der Grundsätze
  - regelmäßige Schulungen zur Verinnerlichung der Grundsätze
- **Zielsetzung**
  - Festlegung der strategischen und operativen Ziele nach klar definierten Entscheidungsprozessen
  - Aufbau eines Planungs- und Kontrollsystems zur zielorientierten Steuerung des gesamten Unternehmens
  - Verzahnung der strategischen Zielsetzung und deren Umsetzung mit einem System operativer Ziele und Kontrollen zur Zielerreichung
  - rationale, das heißt geplante Zielfindung, weniger intuitiv-emotionale, nicht kontrollierbare Entscheidungs- und Zielfindung

3. Mitarbeiter

- **Leistungsbereitschaft**
  - Arbeitszuteilung nach Neigung, Eignung und Interessen der einzelnen Mitarbeiter
  - Bildung harmonierender Arbeits- oder Montagegruppen
  - Arbeiten in Teams mit Selbststeuerung
  - leistungsgerechte, transparente Entlohnung mit Anreizsystem
  - möglichst freie Arbeitsgestaltung
  - Arbeitszufriedenheit messen und kommunizieren
  - Kommunikation mit den Angehörigen der Mitarbeiter über die Bedeutung der Arbeit des Mitarbeiters für den Unternehmenserfolg und die Sicherung des Arbeitsplatzes und des Unternehmens

- **Weiterbildung**
  - permanente Qualifizierungsmaßnahmen der Mitarbeiter zur Steigerung der fachlichen und sozialen Kompetenz
  - innerbetriebliche und externe Schulungen, Trainingsprogramme, evtl. auch duales Studium
  - Besuche und Schulungen bei Partnerfirmen, z. B. Lieferanten oder A-Kunden steigert die Bindungsbereitschaft der Mitarbeiter
  - gezielte Teilnahme an Leistungswettbewerben als Belohnung und Anreiz
  - höhere Qualifikation wird honoriert (Anreizsystem zur Qualitätsverbesserung im gesamten Unternehmen)

Auch bei den anderen Erfolgsfaktoren sind strategisch wirksame Ziele und Maßnahmen zu planen und durchzuführen. Wird daran nicht gearbeitet, entstehen strategische Schwächen, die den Erfolg des Unternehmens gefährden oder im Extremfall verhindern.

(Literaturhinweis: Lehrbuch „Unternehmensstrategie - Instrumente und Methoden zur Strategieentwicklung“, Kapitel 6.1 und 6.2)

7. Sicherstellung der Strategieumsetzung

7.1 Mitarbeiter für die Strategie gewinnen

Situationsbezogene Frage

a) In welcher Form soll Eduard Huber seine neue Strategie den Mitarbeitern präsentieren, um sie für die Umsetzung „gewinnen“ und motivieren zu können?

Eduard Huber könnte seine neue Unternehmensstrategie für die Mitarbeiter relativ passiv als foliengestützten Vortrag oder unter Einbezug der Belegschaft mit Gruppendiskussion relativ dynamisch präsentieren. Vorteilhaft wäre ein dynamischer Workshop unter Einsatz der Kartentechnik zur Erarbeitung und Kommunikation der künftigen Strategie.

Die damit bewirkte Einbindung der Belegschaft macht die Mitarbeiter zu „Beteiligten“, die sich mit Eigeninitiative einbringen. Sie fühlen sich nicht wie „Betroffene“, die nach Anweisung zu handeln und die Vorgaben zu erfüllen haben. Dieses aktivierende Vorgehen motiviert die Mitarbeiter und trägt wesentlich zur erfolgreichen Umsetzung der neuen Strategie von Eduard Huber bei.

Situationsbezogene Frage

b) Ist es sinnvoll, die Mitarbeiter der einzelnen Aufgabenbereiche Beratung/Verkauf, Herstellung und Montage in getrennten Gruppen über die Auswirkungen auf ihre Arbeit diskutieren und ihr Vorgehen zur Umsetzung der neuen Strategie erarbeiten zu lassen? Welche Vorteile würde ein gemeinsames Erarbeiten der Maßnahmen zur Umsetzung der Strategie dem Unternehmen bringen?

Die Bildung **arbeits- oder tätigkeitsorientierter Arbeitsgruppen** führt zu isolierten Betrachtungen. Die Diskussionen sind überwiegend auf die Konsequenzen für die eigenen bisherigen Arbeitsbereiche und für die Arbeit des einzelnen Mitarbeiters bezogen. Es dominieren spezifische Lösungen. Bereichsüberschreitende Probleme oder geplante Neuerungen werden nicht oder selten ganzheitlich im Sinne einer Prozessbetrachtung diskutiert. Diese Fokussierung auf den eigenen Arbeitsbereich kann eine ganzheitliche, koordinierte Wirkung der neuen Strategie stören, schwächen oder sogar verhindern. Starke Bereichsverantwortliche werden versuchen, die neue Strategie zum Vorteil ihres eigenen Bereichs zu interpretieren und umzusetzen. Damit sind Konflikte bei der Umsetzung der Strategie vorprogrammiert.

Das Erarbeiten der Umsetzungsmaßnahmen **in gemischten Gruppen** hat den enormen Vorteil, dass hier prozessorientiert gedacht und entschieden wird. Das bedeutet für die angestrebte noch stärkere Kundenorientierung des gesamten Unternehmens: alle Geschäftsprozesse und damit auch das Verhalten aller Beschäftigten und ihre Tätigkeiten sind noch mehr an den Kundenwünschen und Kundenerwartungen auszurichten.

Beim Arbeiten in gemischten Gruppen werden Koordinationskonflikte gleich oder später gemeinsam geklärt; Schwachstellen bei der Strategieumsetzung können so vermieden werden. Außerdem wachsen bei diesem Vorgehen das Verständnis und das Vertrauen der Mitarbeiter in ihre eigene Arbeit und in die Arbeitsweise der Kollegen.

Durch das Erkennen der wechselseitig abhängigen Prozessketten wird das Gefühl der gegenseitigen Zusammengehörigkeit (Wir-Gefühl) gestärkt, was die Leistungsbereitschaft aller Mitarbeiter zur erfolgreichen Umsetzung der gemeinsamen Strategie erhöht.

c) Für welche der von Eduard Huber angestrebten strategischen Ausrichtungen würden Sie welche Maßnahmen schriftlich fixieren lassen, um die Umsetzung der Strategie sicherzustellen? Formulieren Sie jeweils zwei strategiebezogene Maßnahmen!

Situationsbezogene Frage

Zur Umsetzung der von Eduard Huber festgelegten strategischen Ausrichtungen könnten als Maßnahmen beispielhaft ergriffen werden (schriftlich fixieren):

- **Differenzierte Kundenorientierung**
  - Ermittlung und Festlegung von Markt- und Kundensegmenten
  - kundengruppenorientierte Produkt- und Leistungsgestaltung
  - kundengruppengerechte Vorteilsargumentationen
  - Kundenbindungsprogramme für A-Kunden
  - standardisierter Verkaufsprozess bei C-Kunden
  - kundengruppenorientierte Preisgestaltung
- **Premiumqualität bei Produkten und Dienstleistungen**
  - Definition „Premiumqualität“ bei Produkten und Dienstleistungen
  - Einkauf von qualitativ hochwertigen und innovativen Vorprodukten und Teilen
  - innovative, umweltschonende Fertigungs- und Kommunikationstechnologie

  - Festlegung von Premiumdienstleistungen vor dem Kauf (hochwertige Planungs- und Beratungstätigkeiten mit großem Alleinstellungsmerkmal)
  - kundengruppendifferenzierte Nachkaufservices (Leistungsbündel mit unterschiedlichem Umfang und unterschiedlichen Vorteilen und Preisen)
- **Null-Fehler-Verhalten bei Beratung/Verkauf, Herstellung und Montage**
  - Einführung zertifizierter Abläufe der Geschäftsprozesse
  - prozessintegrierte Qualitätssicherung
  - Einkauf qualitätsgeprüfter Lieferantenleistungen
  - Einrichtung von bereichsübergreifenden Qualitätszirkeln
  - innovative Fertigungstechnologie mit integrierter Qualitätsprüfung
  - systematisch aufgebaute, kundenspezifische Gesprächsvorbereitung
  - Schulungen in Gesprächsführung und Gesprächsnachbereitung
  - Vertrauen gewinnendes Reklamations- und Beschwerdemanagement

(Literaturhinweis: Lehrbuch „Unternehmensstrategie - Instrumente und Methoden zur Strategieentwicklung“, Kapitel 7 und 5.2)

7.2 Strategiewandel erfolgreich umsetzen

a) Welchen Strategiewandel würden Sie Fritz Kalle empfehlen? Mit welcher Begründung?

Situationsbezogene Frage

Fritz Kalle hatte - seinem Werbeslogan „Kalle der Stuckateur für alle" entsprechend - keine differenzierende Unternehmensstrategie, weder bzgl. seiner Kunden noch seiner Produkte und Dienstleistungen. Eine klare Strategie ist nach den Schilderungen nicht zu erkennen, was sich auch negativ auf die Gewinnentwicklung auswirkte.

Als Konsequenz aus dem starken Wettbewerbsdruck (mit „schlechten" Preisen) - speziell im Marktsegment Geschäftskunden - scheint es für Fritz Kalle sinnvoll, sich verstärkt um die Wünsche und deren Ausprägungen bei Privatkunden zu kümmern. Die dort feststellbare Qualitäts-, Nachhaltigkeits- und Zuverlässigkeitsorientierung könnte Fritz Kalle künftig eine differenzierte Leistungs- und Preispolitik ermöglichen; mit positiven Auswirkungen auf die Gewinnentwicklung seines Unternehmens.

Daher sollte die Unternehmensstrategie von Fritz Kalle künftig mit Schwerpunkt auf die Bedürfnisse von Privatkunden ausgerichtet sein. Das heißt nicht, dass langjährige Geschäftsbeziehungen zu Geschäftskunden aufgegeben werden (sollen/müssen). Das gilt auch für den Wettbewerb um einzelne imagewirksame Referenzobjekte oder Referenzkunden im Geschäftskundensegment. Entscheidend ist, dass dies im Hinblick auf eine noch effektivere Umsetzung der auf Privatkunden ausgerichteten Strategie erfolgt; auch zur kurzfristigen Kapazitätsauslastung kann das im Einzelfall erforderlich sein. Dies ist auf jeden Fall kein zweites Geschäftsfeld von Fritz Kalle, sondern ein ergänzendes Geschäft.

b) Welche Sachverhalte (Stichworte) sollten die Führungskräfte bei dem geplanten Strategiewandel beachten? Nennen Sie bitte je drei Sachverhalte bei den Positionen und Unterpositionen der nachfolgenden Checkliste:

Anforderungen	Sachverhalte/Stichworte
1. Die Führungskräfte kennen die Strategie.	- Information (schriftlich/mündlich) durch Geschäftsführung/ Inhaber - Gemeinsames Erarbeiten mit der Geschäftsführung - Kontinuierliche Überprüfung der Richtigkeit der Strategie - Wissen um das richtige Umsetzen der Strategie
2. Die Auswirkungen der Strategie bzgl. • der Strategieorientierung: Kostenführer, Nischenstrategie, Differenzierung,	Differenzierung: - Konzentration auf Privatkunden mit differenzierten Leistungsangeboten und differenzierten Preisen - Qualitätsdenken (Premiumleistungen) - langfristiges, geplantes Vorgehen - kein intuitives (ungeplantes), langfristig wirksames Handeln
• der Kundenorientierung,	- Zuverlässigkeit - ganzheitliche Lösungen - Innovationen - kundengerechte Lösungen mit individuellem Mehrwert für den Kunden - höchste Kundenzufriedenheit erreichen
• der Mitarbeiterorientierung,	- teamorientiertes Verhalten - Anhörung/Einbeziehung der Mitarbeiter in Umsetzungsentscheidungen - Delegation von Verantwortung an die Mitarbeiter - flexible, aufgabengerechte Entlohnung
• der Prozessorientierung sind für jede Führungskraft ableitbar.	- Ausrichtung aller Geschäftsprozesse an den Kundenerwartungen; Ziel: höchste Kundenzufriedenheit - strategiebezogene Arbeitsprozesse mit partieller Eigenverantwortung der Mitarbeiter - delegierte Prozessverantwortung - prozessintegrierte Qualitätssicherung
3. Jede Führungskraft hat auf einem Formblatt die wichtigsten Botschaften/ Konsequenzen für das Führungsverhalten fixiert.	- Herunterbrechen der Strategie auf die einzelnen Aufgabenbereiche: „Was ändert sich?“, „Was ist neu?“ für die Führung - kundenorientierte Prozessgestaltung schriftlich fixieren - Abstimmung mit den anderen Führungskräften - Vermeiden von Schwachstellen/Brüchen in der Umsetzung

Anforderungen	Sachverhalte/Stichworte
4. Die Führungskraft identifiziert sich mit der Strategie.	- Formulierung schriftlicher Verhaltensregeln (Grundsätze) für sich und seine Mitarbeiter - Führungskraft handelt gemäß der Strategie und den Verhaltensregeln - Führungskraft vertritt die Strategie nach innen und außen; gegenüber Mitarbeitern, Kunden, Lieferanten und sonstigen Partnern des Unternehmens
5. Die Führungskraft kommuniziert die Auswirkung den Mitarbeitern.	- Information und Motivation der Mitarbeiter durch Workshops, Schulungen - wöchentliche Besprechungen - strategieorientierte Arbeitsanleitungen - Strategiewirkungen beim Kunden verdeutlichen
6. Gemeinsam stellen Führungskraft und Mitarbeiter konkrete Gebote auf.	- Erarbeiten von „to-do-Listen" in Workshops, Qualitätszirkeln o. Ä. - Arbeitsanweisungen/Ablaufpläne für Null-Fehler-Verhalten - Verhaltenspläne für Reklamationen und Beschwerden - differenzierte Kundenzufriedenheitsmessungen

(Literaturhinweis: Lehrbuch „Unternehmensstrategie - Instrumente und Methoden zur Strategieentwicklung", Kapitel 7)